U0152648

鸿 蒙
HarmonyOS

应用开发入门

柳伟卫 编著

清華大学出版社

北 京

内 容 简 介

HarmonyOS是一款面向未来、面向全场景的分布式操作系统,借助HarmonyOS全场景分布式系统和设备生态,定义全新的硬件、交互和服务体验。本书采用最新的HarmonyOS 3版本作为基础,详细介绍如何基于HarmonyOS 3来进行应用开发,包括HarmonyOS架构、DevEco Studio、应用结构、Ability、UI开发、公共事件、窗口管理、网络编程、安全管理、数据管理等多个主题,还介绍如何从0开始开发计算器、视频播放器、购物应用、微信应用等。本书辅以大量的实战案例,图文并茂,让读者易于理解掌握。同时,案例的选型偏重于解决实际问题,具有很强的前瞻性、应用性和趣味性。加入鸿蒙生态,让我们一起构建万物互联的新时代!

本书适合HarmonyOS应用开发初学者和进阶读者作为自学用书,也适合培训机构作为培训教材,还适合大、中专院校的相关专业作为教学参考书。

图书在版编目(CIP)数据

鸿蒙HarmonyOS应用开发入门/柳伟卫编著. —北京:清华大学出版社,2024.1
ISBN 978-7-302-64911-3

Ⅰ. ①鸿… Ⅱ. ①柳… Ⅲ. ①移动终端—操作系统—程序设计 Ⅳ. ①TN929.53

中国国家版本馆CIP数据核字(2023)第219624号

责任编辑:王金柱
封面设计:王 翔
责任校对:闫秀华
责任印制:丛怀宇
出版发行:清华大学出版社
  网   址:https://www.tup.com.cn,https://www.wqxuetang.com
  地   址:北京清华大学学研大厦A座   邮   编:100084
  社 总 机:010-83470000   邮   购:010-62786544
  投稿与读者服务:010-62776969,c-service@tup.tsinghua.edu.cn
  质量反馈:010-62772015,zhiliang@tup.tsinghua.edu.cn
印 装 者:三河市龙大印装有限公司
经   销:全国新华书店
开   本:190mm×260mm   印   张:16.75   字   数:452千字
版   次:2024年1月第1版   印   次:2024年1月第1次印刷
定   价:89.00元

产品编号:099623-01

前　言　PREFACE

写作背景

当 HarmonyOS 3 还未正式发布的时候，笔者便已经开始关注 HarmonyOS 3 的发展路线图了。笔者在各大论坛对 HarmonyOS 3 的新特性进行过非常多的文章介绍以及技术布道。本书所选用的 HarmonyOS 版本是市面上能看到的最新版本。

由于笔者之前已经出版过两本鸿蒙方面的图书——《鸿蒙 HarmonyOS 手机应用开发实战》和《鸿蒙 HarmonyOS 应用开发从入门到精通》，并在持续维护一本开源书《跟老卫学 HarmonyOS 开发》，因此撰写本书并没有遇到太多的困难。当然，HarmonyOS 3 由于革命性地引入了 ArkUI、ArkTS、Stage 模型等众多新特性，使得笔者不得不花费更多的时间来完成书中的示例。

本书的内容聚焦于 HarmonyOS 3.1 版本常用的核心功能。这些核心功能都是经过笔者验证过的、可用的。而其他的非核心功能，或功能存在 bug 或因其他原因没有收录进本书的功能，将会收集到《跟老卫学 HarmonyOS 开发》一书中，以开源的方式不断演进。

内容介绍

全书大致分为 3 部分：

- 入门（第 1 章）：介绍 HarmonyOS 的背景、开发环境搭建，并创建一个简单的 HarmonyOS 应用。
- 进阶（第 2～10 章）：介绍 HarmonyOS 的核心功能开发，内容包括 Ability、UI 开发、公共事件、窗口管理、网络编程、安全管理、数据管理、多媒体开发等。
- 实战（第 11～12 章）：演示 HarmonyOS 综合实战案例"购物应用""仿微信应用"。

本书主要面向的是对 HarmonyOS 应用开发感兴趣的学生、开发人员、架构师。

配套资源

本书提供的素材和源代码可扫描下面的二维码下载：

如果在学习和下载资源的过程中遇到问题，可以发送邮件至 booksaga@126.com，邮件主题写"鸿蒙 HarmonyOS 应用开发入门"。

本书所采用的技术及相关版本

技术的版本是非常重要的，因为不同版本之间存在兼容性问题，而且不同版本的软件所对应的功能也是不同的。本书所列出的技术在版本上相对较新，都是经过笔者大量测试的。这样读者在自行编写代码时，可以参考本书所列出的版本，从而避免版本兼容性所产生的问题。建议读者将相关开发环境设置得跟本书一致，或者不低于本书所列的配置。

版本配置如下：

- DevEco Studio 3.1 Release
- HarmonyOS 3.1 Release

致谢

感谢清华大学出版社的各位工作人员为本书的出版所做的努力。

感谢我的父母、妻子和两个女儿。由于撰写本书，我牺牲了很多陪伴家人的时间。谢谢他们对我的理解和支持。

感谢关心和支持我的朋友、读者、网友。

由于笔者能力有限、时间仓促，书中难免存在疏漏之处，欢迎读者指正。

柳伟卫

2023 年 8 月

目　录　CONTENTS

HarmonyOS 介绍

本章介绍 HarmonyOS 产生的历史背景、特点及开发环境的搭建，并演示如何通过 DevEco Studio 来初始化 HarmonyOS 项目结构。

1.1 HarmonyOS 概述

2022 年 11 月 4 日，华为开发者大会 2022 正式在华为东莞松山湖基地拉开帷幕，华为如期为消费者带来了众多软件创新，其中最受期待的莫过于华为 HarmonyOS 3.1 开发者尝鲜版本的面市。

那么到底什么是 HarmonyOS？为什么需要 HarmonyOS？

1.1.1 什么是 HarmonyOS

HarmonyOS 在 2019 年 8 月 9 日华为开发者大会上首次公开亮相，时任华为消费者业务 CEO 的余承东进行了关于 HarmonyOS 的主题演讲。

HarmonyOS 也称为鸿蒙系统，或者鸿蒙 OS，是一款面向万物互联时代的、全新的分布式操作系统。

在传统的单设备系统能力基础上，HarmonyOS 提出了基于同一套系统能力、适配多种终端形态的分布式理念，能够支持手机、平板、智能穿戴、智慧屏、车机、PC、智能音箱、耳机、AR/VR 眼镜等多种终端设备，提供全场景（移动办公、运动健康、社交通信、媒体娱乐等）业务能力。

- 对消费者而言，HarmonyOS 使用一个统一的软件系统，从根本上解决了消费者使用大量终端体验割裂的问题。HarmonyOS 能够将生活场景中的各类终端进行能力整合，可以实现不同的终端设备之间的快速连接、能力互助、资源共享，匹配合适的设备，为消费者提供统一、便利、安全、智慧化的全场景体验。

- 对应用开发者而言，HarmonyOS 采用了多种分布式技术，整合各种终端硬件能力，形成一个虚拟的"超级终端"。开发者可以基于"超级终端"进行应用开发，使得应用程序的开发实现与不同终端设备的形态差异无关。这能够让开发者聚焦上层业务逻辑，无须关注硬件差异，更加便捷、高效地开发应用。
- 对设备开发者而言，HarmonyOS 采用了组件化的设计方案，可以按需调用"超级终端"能力，可以带来"超级终端"的创新体验。根据设备的资源能力和业务特征进行灵活裁剪，满足不同形态的终端设备对于操作系统的要求。

举例来说，当用户走进厨房，用 HarmonyOS 手机一碰微波炉，就能实现设备极速联网；用 HarmonyOS 手机碰一下豆浆机，就能快速实现无屏变有屏。

自 HarmonyOS 诞生以来，经过 3 年多的发展，终于迎来了 HarmonyOS 3。HarmonyOS 3 也带来了更多惊喜，全新推出应用开发 Stage 模型，并在 ArkTS 语言、应用程序框架、Web、ArkUI 等子系统能力方面有所更新或增强。

1.1.2 HarmonyOS 应用开发

为了进一步扩大 HarmonyOS 的生态圈，面对广大的硬件设备厂商，HarmonyOS 通过 SDK、源代码、开发板/模组和 HUAWEI DevEco Studio 等装备共同构成了完备的开发平台与工具链，让 HarmonyOS 设备开发易如反掌。

应用创新是一款操作系统发展的关键，应用开发体验更是如此。在一条完整的应用开发生态链中，应用框架、编译器、IDE、API/SDK 都是必不可少的。为了赋能开发者，HarmonyOS 提供了一系列构建全场景应用的完整平台工具链与生态体系，可以助力开发者，让应用能力可分、可合、可流转，轻松构筑全场景创新体验。

本书就是介绍如何针对 HarmonyOS 进行应用的开发。可以预见的是，HarmonyOS 必将是近些年的热门话题。对于能在早期投身于 HarmonyOS 开发的技术人员而言，其意义不亚于当年早期 Android 的开发。HarmonyOS 必将带给开发者广阔的前景。同时，基于 HarmonyOS 所提供的完善的平台工具链与生态体系，相信广大读者一定能轻松入门 HarmonyOS。

5G 网络准备就绪，物联网产业链也已经渐趋成熟，在物联网即将爆发的前夜，亟需一套专为物联网准备的操作系统，华为的 HarmonyOS 正逢其时。Windows 成就了微软，Android 成就了谷歌，HarmonyOS 是否能成就华为，让我们拭目以待。

1.2 HarmonyOS 的特征

本节介绍 HarmonyOS 的特征。

1.2.1 硬件互助，资源共享

HarmonyOS 把各终端硬件的能力虚拟成可共享的能力资源池，让应用通过系统调用其所需的硬件能力。在这个架构下，硬件能力类似于活字印刷术中的一个个单字字模，可以被无限次重复使用。简单来说，各终端实现了硬件互助，资源共享。应用拥有了调用远程终端的能力，像调用本地终端一样方便，而用户收获一个多设备组成的超级终端。

那么是如何实现硬件互助、资源共享的呢？主要是基于以下几个方面实现的。

1 分布式软总线

分布式软总线是多种终端设备的统一基座，为设备之间的互联互通提供了统一的分布式通信能力，能够快速发现并连接设备，高效地分发任务和传输数据。分布式软总线示意图如图 1-1 所示。

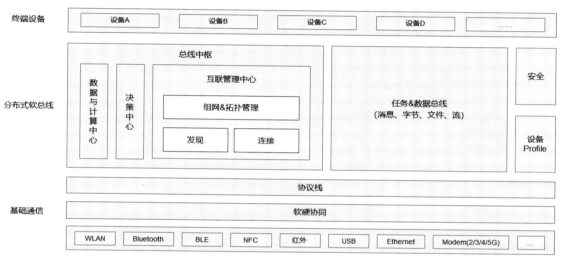

图 1-1 分布式软总线示意图

简言之，分布式软总线提供了多设备连接能力。

2 分布式设备虚拟化

分布式设备虚拟化平台可以实现不同设备的资源融合、设备管理、数据处理，多种设备共同形成一个超级虚拟终端。针对不同类型的任务，为用户匹配并选择能力合适的执行硬件，让业务连续地在不同设备间流转，充分发挥不同设备的资源优势。分布式设备虚拟化示意图如图 1-2 所示。

举一个无人机的例子，传统的无人机分享视频的步骤如下：

- 拍摄无人机的画面。
- 将无人机拍摄的视频保存下来。
- 通过通信软件分享视频。

而在分布式设备虚拟化后，无人机可以被当作是手机的一个摄像头，在视频通话软件中，可以直接使用无人机的摄像头进行实时分享。

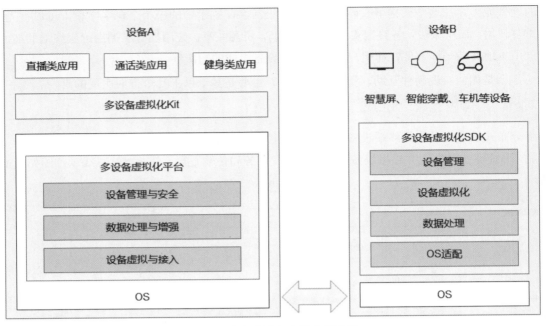

图 1-2　分布式设备虚拟化示意图

3　分布式数据管理

分布式数据管理基于分布式软总线的能力，实现应用程序数据和用户数据的分布式管理。用户数据不再与单一物理设备绑定，业务逻辑与数据存储分离，应用跨设备运行时数据无缝衔接，为打造一致、流畅的用户体验创造了基础条件。分布式数据管理示意图如图 1-3 所示。

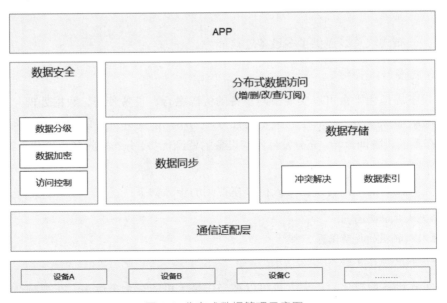

图 1-3　分布式数据管理示意图

在全场景新时代，每个人拥有的设备越来越多，单一设备的数据往往无法满足用户的诉求，数据在设备间的流转变得越来越频繁。以一组照片数据在手机、平板电脑、智慧屏和计算机之间相互浏览和编辑为例，需要考虑到照片数据在多设备间是怎么存储、怎么共享和怎么访问的。HarmonyOS 分布式数据管理的目标是为开发者在系统层面解决这些问题，让应用开发变得简单。它能够保证多设备间的数据安全，解决多设备间数据同步、跨设备查找和访问的各种关键技术问题。

HarmonyOS 分布式数据管理对开发者提供分布式数据库、分布式文件系统和分布式检索能力，开发者在多设备上开发应用时，对数据的操作、共享、检索可以跟使用本地数据一样处理，为开发者提供便捷、高效和安全的数据管理能力，大大降低了应用开发者实现数据分布式访问的门槛。同时，由于在系统层面实现了这样的功能，可以结合系统资源调度，大大提升跨设备数据远程访问和检索的性能，让更多的开发者可以快速上手实现流畅的分布式应用。

4 分布式任务调度

分布式任务调度基于分布式软总线、分布式数据管理、分布式 Profile 等技术特性，构建统一的分布式服务管理（发现、同步、注册、调用）机制，支持对跨设备的应用进行远程启动、远程调用、远程连接以及迁移等操作，能够根据不同设备的能力、位置、业务运行状态、资源使用情况，以及用户的习惯和意图，选择合适的设备运行分布式任务。

图 1-4 以应用迁移为例，简要地展示分布式任务调度能力。

图 1-4 分布式任务调度示意图

在传统的终端设备上做跨设备的应用访问时，需要应用自己完成服务发现、连接、命令监听、命令解析等一系列的工作，无论是应用开发者自己开发，还是使用第三方库，都让应用开发过程变得沉重。分布式任务调度就是在系统层面为应用提供通用的分布式服务，让应用开发可以聚焦在业务实现上。HarmonyOS 在分布式任务调度上充分考虑了应用开发者的使用便利性，提供了应用信息自动同步的能力,通过查询远程 Ability 接口,既可以指定 Ability 查询设备列表,又可以指定设备标识,查询 Ability 列表,开发者可以根据实际场景灵活使用。在 API 形式上保持了和本地使用基本一致,仅增加了远程设备标识的参数,这让开发者使用起来完全没有障碍,开发者生态十分友好。举例来说,在手机和手表间进行应用间协同,在游乐场游玩的场景,用户可以全程不使用手机,解决了在游乐场游玩过程中手机容易丢失、损坏的痛点,非常好地提升了用户体验。

5 分布式连接能力

分布式连接能力提供了智能终端底层和应用层的连接能力,通过 USB 接口共享终端部分的硬件资源和软件能力。开发者基于分布式连接能力,可以开发相应形态的生态产品为消费者提供更丰富的连接体验。分布式连接能力示意图如图 1-5 所示。

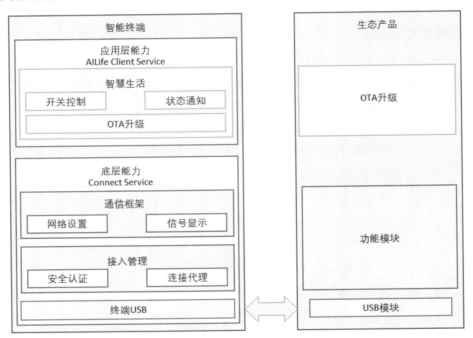

图 1-5 分布式连接能力示意图

1.2.2 一次开发,多端部署

HarmonyOS 提供用户程序框架、Ability 框架以及 UI 框架,能够保证开发的应用在多终端运行时保证一致性;一次开发、多端部署;多终端软件平台 API 具备一致性,确保用户程序的运行兼容性;支持在开发过程中预览终端的能力适配情况(CPU、内存、外设、软件资源等);支持根据用户程序与软件平台的兼容性来调度用户呈现。一次开发,多端部署示意图如图 1-6 所示。

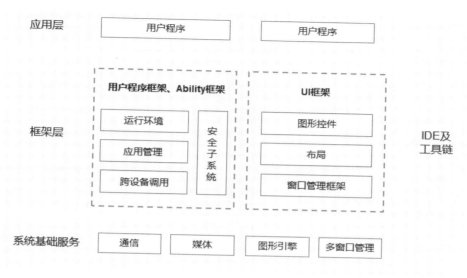

图 1-6　一次开发，多端部署示意图

1.2.3　统一 OS，弹性部署

HarmonyOS 通过组件化和小型化等设计方法，支持多种终端设备按需弹性部署，能够适配不同类别的硬件资源和功能需求。支撑通过编译链关系自动生成组件化的依赖关系，形成组件树依赖图，支持产品系统的便捷开发，降低硬件设备的开发门槛。

- 支持各组件的选择（组件可有可无）：根据硬件的形态和需求，可以选择所需的组件。
- 支持组件内功能集的配置（组件可大可小）：根据硬件的资源情况和功能需求，可以选择配置组件中的功能集。例如，选择配置图形框架组件中的部分控件。
- 支持组件间依赖的关联（平台可大可小）：根据编译链关系，可以自动生成组件化的依赖关系。例如，选择图形框架组件，将会自动选择依赖的图形引擎组件等。

1.3　HarmonyOS 3 的新特性

HarmonyOS 3.1 全新推出了应用开发 Stage 模型，并在 ArkTS 语言、应用程序框架、Web、ArkUI 等子系统能力方面有所更新或增强。

HarmonyOS 3.1 开放的功能包括：

- Ability 框架新增 Stage 开发模型，包含 Stage 模型生命周期管理、调度、回调、上下文获取、鉴权等。同时增强了应用的运行管理能力。
- ArkUI 开发框架增强了声明式 Canvas/XComponent 组件能力，增强了组件布局能力及状态管理能力，优化了部分组件的易用性。
- 应用包管理新增查询应用、Ability 和 ExtensionAbility 相关属性的接口。
- 公共基础类库新增支持 Buffer 二进制读写。

- Web 服务新增支持文档类 Web 应用的文档预览和基础编辑功能,以及 Cookie 的管理和存储管理。
- 图形图像新增支持 YUV、WebP 图片编解码等能力;新增 Native Vsync 能力,支持自绘制引擎自主控制渲染节奏。
- 媒体服务新增相机配置与预览功能。
- 窗口服务新增 Stage 模型下窗口相关接口,增强了窗口旋转能力,增强了避让区域查询能力。
- 全球化服务新增支持时区列表、音译、电话号码归属地等国际化增强能力。
- 公共事件基础能力增强,commonEvent 模块变更为 commonEventManager。
- 资源管理服务新增资源获取的同步接口,新增基于名称查询资源值的接口,新增 number、float 资源类型查询接口,新增 Stage 模型资源查询方式。
- 输入法服务新增输入法光标方向常量。

1.3.1 Ability 组件的生命周期

Ability 生命周期切换以及和 AbilityStage、WindowStage 之间的调度关系如图 1-7 所示。

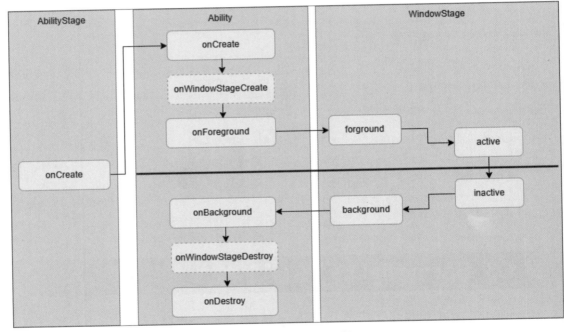

图 1-7 Ability 生命周期

Stage 模型定义了 Ability 组件的生命周期,只包含创建、销毁、前后台等状态,而将与界面强相关的获焦、失焦状态都放在 WindowStage 中,从而实现 Ability 与窗口之间的弱耦合;在服务侧,窗口管理服务依赖于组件管理服务,前者通知后者前后台变化,这样组件管理服务仅感知前后台变化,不感知焦点变化。

需要注意的是,在 Ability 中存在两个与 WindowStage 相关的生命周期状态,分别是 onWindowStageCreate 和 onWindowStageDestroy,这两个生命周期状态的变化仅存在于具有显示能力的设备中。前者表示 WindowStage 已经创建完成,开发者可以通过执行 loadContent 的操作设置 Ability 需要加载的页面；后者在 WindowStage 销毁后调用，以便开发者对资源进行释放。

1.3.2 ArkUI 开发框架

基于 ArkTS 的声明式开发范式的方舟开发框架（ArkUI）是一套开发极简、高性能、跨设备应用的 UI 开发框架，支持开发者高效地构建跨设备应用 UI 界面。

1.3.3 ArkTS 编程语言

HarmonyOS 提供了支持多种开发语言的 API，供开发者进行应用开发，支持的开发语言包括 ArkTS、JS（JavaScript）、C/C++、Java。

ArkTS 是 HarmonyOS 优选的主力应用开发语言。ArkTS 基于 TypeScript（简称 TS）语言扩展而来，是 TS 的超集。这也是 ArkTS 的原名叫 eTS 的原因，它是 extend TypeScript 的简写。

ArkTS 继承了 TS 的所有特性，并且 ArkTS 在 TS 基础上还扩展了声明式 UI 能力，让开发者以更简洁、更自然的方式开发高性能应用。

1.3.4 ExtensionAbility 机制

不同于页面展示的 Ability，ExtensionAbility 提供的是一种受限的运行环境。

ExtensionAbility 组件具有如下特点：

- 运行在独立于主进程的单独进程中，与主进程无 IPC（Inter-Process Communication，进程间通信），但共享一个存储沙箱。
- 独立的 Context 提供基于相应业务场景的 API 能力。
- 由系统触发创建，应用不能直接创建。
- ExtensionAbility 和进程的生命周期受系统管理。

1.4 DevEco Studio 的安装

要想快速体验 HarmonyOS 应用开发，IDE 必不可少，而 DevEco Studio 是华为官方指定的 HarmonyOS 集成开发环境。工欲善其事，必先利其器。本节介绍 DevEco Studio 的安装步骤。

1.4.1 下载 DevEco Studio

目前，HarmonyOS 专属 IDE 的新版本为 DevEco Studio 3.1 Release，可以从 HarmonyOS 官方网站免费下载使用。

DevEco Studio 支持 Windows(64-bit)、Mac(Intel) 两个操作系统。

以 Windows(64-bit) 操作系统为例，下载获得 devecostudio-windows-3.1.0.500.zip 压缩包。解压该压缩包，就能得到一个 deveco-studio-3.1.0.500.exe 安装文件。

1.4.2 安装 DevEco Studio

双击 deveco-studio-3.1.0.500.exe 文件执行安装。

安装过程中建议参照图 1-8 勾选选项，然后单击 Next 按钮。

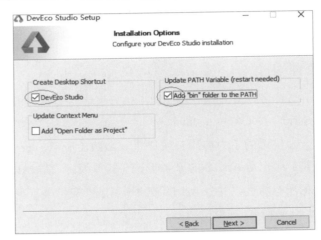

图 1-8 勾选选项

如果勾选了 Add "bin" folder to the PATH 选项，则重启操作系统后配置生效。

进入 Completing DevEco Studio Setup 界面，选中 I want to manually reboot later 单选按钮，单击 Finish 按钮，如图 1-9 所示。

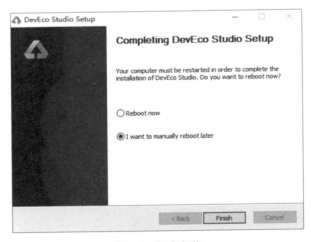

图 1-9 完成安装

看到操作系统桌面有如图 1-10 所示的快捷方式，则证明安装已经完成。

图 1-10 勾选选项

1.4.3 配置 DevEco Studio

双击 DevEco Studio 桌面上的快捷方式以启动 DevEco Studio。

首次使用 DevEco Studio 会有如图 1-11 所示的提示信息，单击 Agree 按钮继续执行下一步。

如果你之前使用过 DevEco Studio 并保存了 DevEco Studio 的配置，则可以导入 DevEco Studio 的配置，否则选择 Do not import settings 单选按钮，继续执行下一步，如图 1-12 所示。

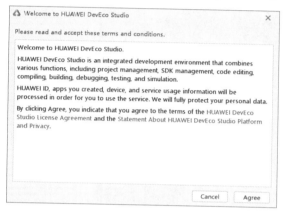

图 1-11 单击 Agree 按钮

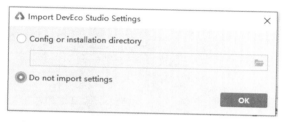

图 1-12 选择 Do not import settings 单选按钮

接下来，会提示是否设置 HTTP proxy。这里如果读者使用自己家里的网络，没有什么限制的话，可以跳过该配置；如果是在企业内部，有防火墙限制的话，则按照企业内部的 proxy 进行配置。

单击 Next: Configure npm 按钮，继续执行下一步，如图 1-13 所示。

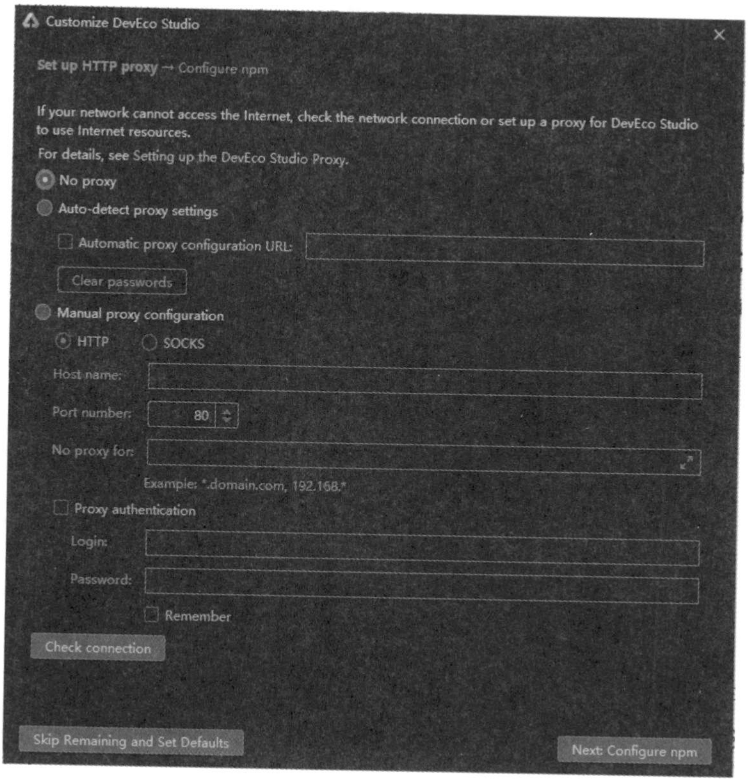

图 1-13 单击 Next: Configure npm 继续执行下一步

接下来配置 npm 镜像地址，这里默认配置华为的地址，单击 Start Using DevEco Studio 按钮即可，如图 1-14 所示。

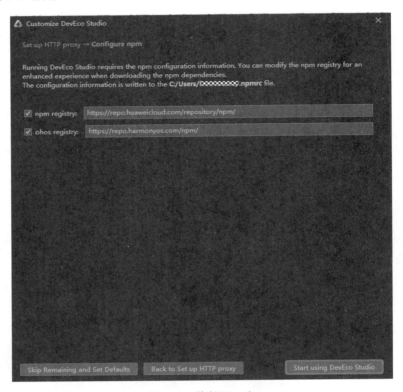

图 1-14　执行下一步

DevEco Studio 会依赖 Node.js，提示安装 Node.js，如图 1-15 所示。如果本地已经安装过 Node.js，则选择安装目录即可。

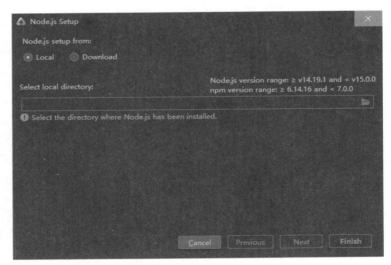

图 1-15　安装 Node.js

如果没有安装过 Node.js，则选择 Download 执行自动安装，如图 1-16 所示。

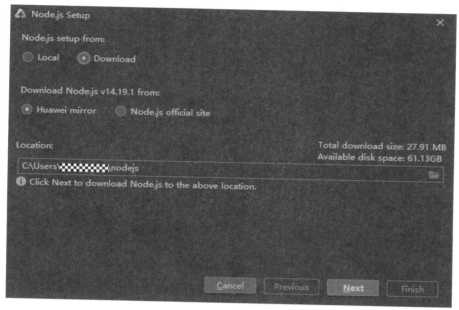

图 1-16 选择 Download 执行自动安装 Node.js

Node.js 安装完成之后，就会进入 SDK Components Setup 的设置界面，如图 1-17 所示。直接单击 Next 按钮即可。

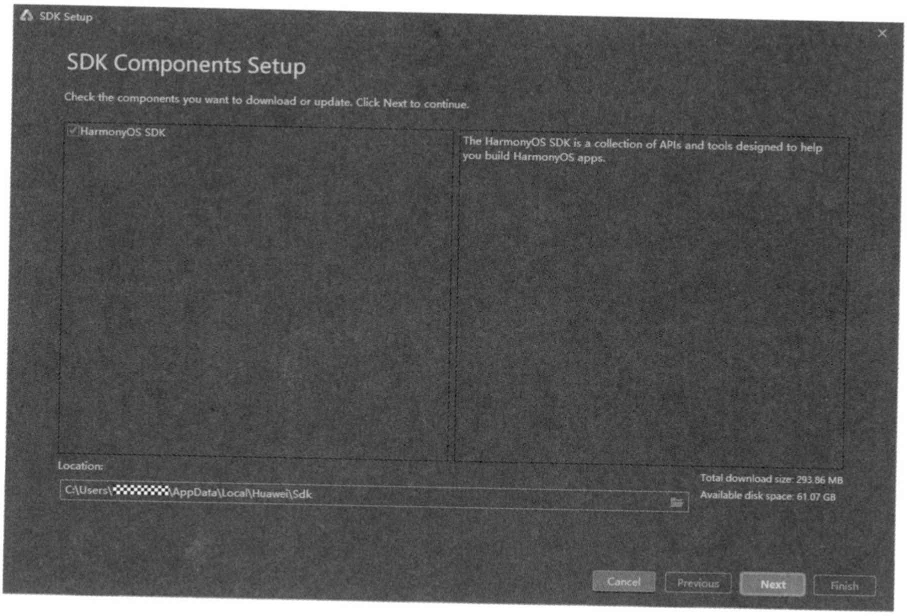

图 1-17 设置 SDK

提示是否同意 License，选中 Accept 单选按钮，单击 Next 按钮，如图 1-18 所示。如果一切顺利，你将看到如图 1-19 所示的页面，则证明配置完成。

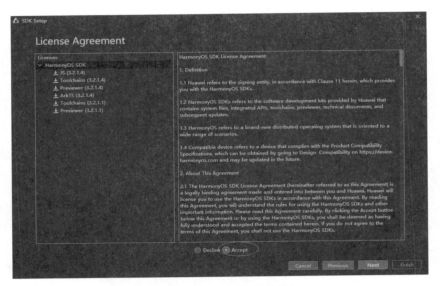

图 1-18　选择 Accept 单选按钮

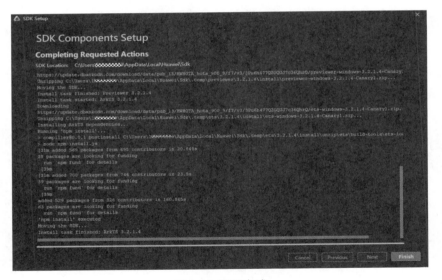

图 1-19　配置完成

1.5　实战：创建第一个 HarmonyOS 应用

本节将演示如何基于 DevEco Studio 开发第一个 HarmonyOS 应用。

1.5.1　选择创建新项目

在打开 DevEco Studio 后，可以看到如图 1-20 所示的欢迎界面。我们单击 Create Project 来创建一个新项目。

图 1-20 创建一个新项目

后续如果在已打开项目的状态下，也可以从 DevEco Studio 菜单选择 File → New → Create Project。

1.5.2 选择模板

在如图 1-21 所示的界面，可以选择支持不同设备应用类型的模板。本例所选择的 Empty Ability 模板支持包括手机、平板电脑、车机、智慧屏、智能穿戴设备等多种终端设备。有关 Ability 的概念，我们后续再介绍。这里就简单地认为 Ability 是你应用的一个功能。换言之，我们将要创建的是一个没有功能的应用。单击 Next 按钮进行下一步。

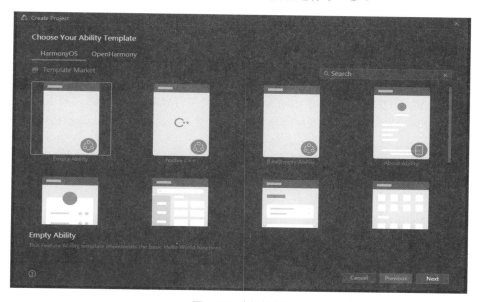

图 1-21 选择模板

1.5.3 配置项目信息

配置项目信息，比如项目名称、包名、位置、SDK 版本等，按照个人实际情况填写即可，如图 1-22 所示。

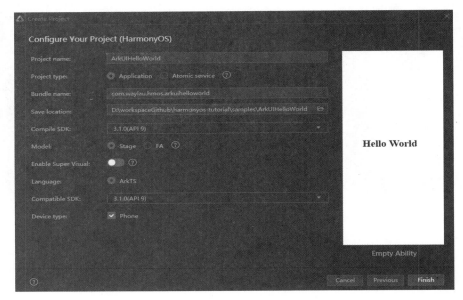

图 1-22　配置项目信息

这些项目信息详细说明如下：

- Project name 是开发者可以自行设置的项目名称，这里根据需求修改为自己的项目名称。这里命名为 ArkUIHelloWorld。
- Project type 为项目类型，可以选择 Application 和 Atomic service。这里我们选择 Application，意味着这是一个独立的应用。
- Bundle name 是包名称，默认情况下应用 ID 也会使用该名称，应用发布时对应的 ID 需要保持一致。
- Save location 为工程保存路径，建议用户自行设置相应位置。
- Compile SDK 是项目所选用的 HarmonyOS 的编译 API 版本。本书所选用的 3.1.0(API 9) 版本是一个开发尝鲜版，因此所支持的特性并不是非常全面。比如，Language 选项只有 ArkTS，Device Type 选项只有 Phone。如果想尝试其他选项，可以将 Compile SDK 选择为 3.0.0(API 7) 版本。后续新版的 SDK 将会逐步完善所支持的特性。
- Model 是 Ability 框架模型，这里选择 Stage 模型。
- Language 是指应用所使用的开发语言。HarmonyOS 支持 ArkTS、JS、Java 等。本书选用 ArkTS 作为开发语言。
- Device type 用于配置目标安装的设备类型。HarmonyOS 支持 Phone、Tablet、TV、Wearable 等设备类型。本书选用 Phone 作为设备类型。

配置完成后，单击 Finish 按钮。

1.5.4 自动生成工程代码

单击Finish之后，DevEco Studio 就会创建整个应用，并且自动生成工程代码，如图 1-23 所示。由于 HarmonyOS 应用是采用 Gradle 构建的，因此可以在控制台看到自动下载 Gradle 安装包。Gradle 下载完成之后，就会对工程进行构建，可以看到控制台执行成功的提示信息。

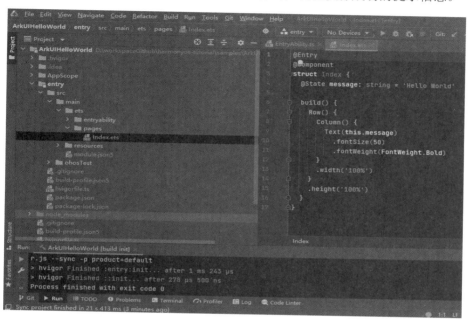

图 1-23 自动生成工程代码

在上述工程代码初始化完成之后，就能在该程序的基础上进行代码开发和运行了。

1.5.5 预览项目

可以使用预览器来预览项目。打开预览器有以下两种方式：

- 通过菜单栏，单击 View → Tool Windows → Previewer，打开预览器。
- 在编辑窗口右上角的侧边工具栏单击 Previewer，打开预览器。

显示效果如图 1-24 所示。

图 1-24 预览项目

1.5.6 运行项目

HarmonyOS 支持本地模拟器、远程模拟器、本地真机、远程真机等多种方式来运行项目。上述方式各有利弊，比如本地模拟器不需要华为开发者联盟账号登录使用，但所支持的

API 版本不是很高；远程模拟器可以支持新的 API 版本，但需要通过华为开发者联盟账号登录，在使用过程中也有时长的限制；本地真机需要读者自己准备具有 HarmonyOS 系统的手机；远程真机也需要使用华为开发者联盟账号，是部署在云端的真机设备资源，但使用过程中需要给应用签名，同时还需要登录 AppGallery Connect 创建项目和应用，因此过程上相对烦琐。本书推荐采用远程模拟器方式来运行项目。

打开 View → Device Manager 进入设备管理界面。在该界面选择 Remote Emulator 进入远程模拟器，如图 1-25 所示。

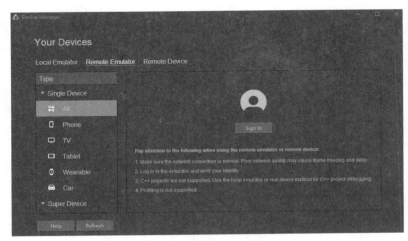

图 1-25　进入远程模拟器

此时需要使用华为开发者联盟账号进行登录，并根据提示对设备进行授权，如图 1-26 所示。

注意：注册华为开发者联盟账号需要实名认证。打开华为开发者联盟官方网站，单击"注册"按钮进入注册页面。

单击"允许"按钮进行下一步操作。授权完成之后，再次返回 DevEco Studio，此时会看到如图 1-27 所示的各种类型的设备模拟器。单击启动 Phone 模拟器（以 P50 为例）。

图 1-26　对设备进行授权

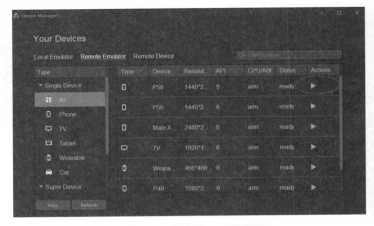

图 1-27　启动 Phone 模拟器

这时，能看到 Phone 模拟器已经启动了，如图 1-28 所示。

单击下面的三角形按钮以启动项目，如图 1-29 所示。

项目运行效果如图 1-30 所示。

图 1-28 Phone 模拟器已经启动了

图 1-29 启动项目

图 1-30 项目运行效果

以上就是运行项目的完整过程。

1.6 应用工程结构介绍

本节介绍应用工程结构及各个配置文件的含义。

1.6.1 工程级目录

工程的目录结构如图 1-31 所示。

图 1-31 工程级目录

详细说明如下：

- AppScope 中存放应用全局所需要的资源文件。
- entry 是应用的主模块，存放 HarmonyOS 应用的代码、资源等。

- node_modules 是工程的依赖包，存放工程依赖的源文件。
- build-profile.json5 是工程级配置信息，包括签名、产品配置等。
- hvigorfile.ts 是工程级编译构建任务脚本，Hvigor 是基于任务管理机制实现的一款全新的自动化构建工具，主要提供任务注册编排、工程模型管理、配置管理等核心能力。
- package.json 是工程级依赖配置文件，用于记录引入包的配置信息。

在 AppScope 中还有 resources 文件夹和配置文件 app.json5。

在 AppScope 中的 resources 文件夹下的 base 中包含 element 和 media 两个文件夹。其中 element 文件夹主要存放公共的字符串、布局文件等资源；media 文件夹存放全局公共的多媒体资源文件。

1.6.2 entry 模块级目录

entry 模块级目录如图 1-32 所示。

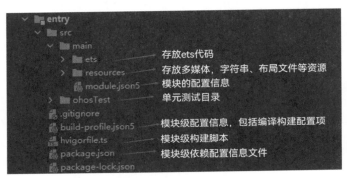

图 1-32 entry 模块级目录

entry 下的 src 目录中主要包含总的 main 文件夹、单元测试目录 ohosTest 以及模块级的配置文件。

- 在 main 文件夹中，ets 文件夹用于存放 ets 代码，resources 文件夹用于存放模块内的多媒体及布局文件等，module.json5 文件为模块的配置文件。
- ohosTest 是单元测试目录。
- build-profile.json5 是模块级配置信息，包括编译构建配置项。
- hvigorfile.ts 文件是模块级构建脚本。
- package.json 是模块级依赖配置信息文件。

进入 src → main → ets 目录，如图 1-33 所示。其分为 entryability 和 pages 两个文件夹。entryability 存放 Ability 文件，用于当前 Ability 应用逻辑和生命周期管理；pages 存放 UI 界面相关代码文件，初始会生产一个 Index 页面。

图 1-33 ets 目录

resources 目录下存放模块公共的多媒体、字符串及布局文件等资源，分别存放在
element、media 文件夹中，如图 1-34 所示。

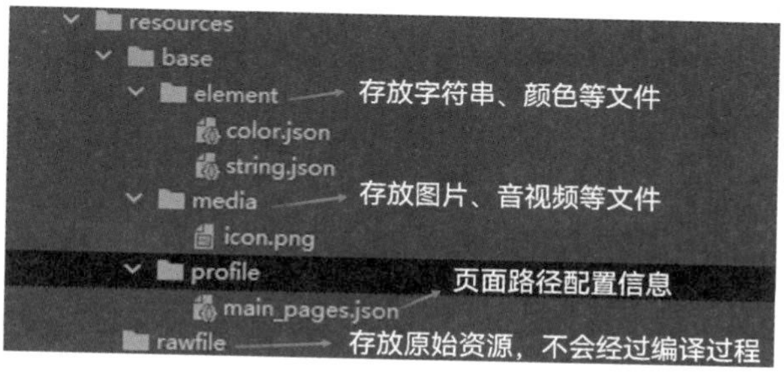

图 1-34　resources 目录

1.6.3　配置文件

1 app.json5

AppScope 下的 app.json5 是应用的全局配置文件，用于存放应用公共的配置信息。

```
{
  "app": {
    "bundleName": "com.waylau.hmos.arkuihelloworld",
    "vendor": "example",
    "versionCode": 1000000,
    "versionName": "1.0.0",
    "icon": "$media:app_icon",
    "label": "$string:app_name",
    "distributedNotificationEnabled": true
  }
}
```

其中配置信息如下：

- bundleName 是包名。
- vendor 是应用程序供应商。
- versionCode 用于区分应用的版本。
- versionName 是版本号。
- icon 是应用的显示图标。
- label 是应用名。
- distributedNotificationEnabled 描述应用程序是否已分发通知。

2 module.json5

依次打开 entry → src → main 文件夹，其下的 module.json5 是模块的配置文件，包含当前
模块的配置信息。

```
{
  "module": {
```

```
    "name": "entry",
    "type": "entry",
    "description": "$string:module_desc",
    "mainElement": "EntryAbility",
    "deviceTypes": [
      "phone"
    ],
    "deliveryWithInstall": true,
    "installationFree": false,
    "pages": "$profile:main_pages",
    "abilities": [
      {
        "name": "EntryAbility",
        "srcEntrance": "./ets/entryability/EntryAbility.ts",
        "description": "$string:EntryAbility_desc",
        "icon": "$media:icon",
        "label": "$string:EntryAbility_label",
        "startWindowIcon": "$media:icon",
        "startWindowBackground": "$color:start_window_background",
        "visible": true,
        "skills": [
          {
            "entities": [
              "entity.system.home"
            ],
            "actions": [
              "action.system.home"
            ]
          }
        ]
      }
    ]
  }
}
```

其中 module 对应的是模块的配置信息，一个模块对应一个打包后的 HAP（HarmonyOS Ability Package），其中包含 Ability、第三方库、资源和配置文件。其具体属性及其描述如表 1-1 所示。

表1-1 module.json5默认配置属性及描述

属　　性	描　　述
name	该标签标识当前module的名字，module打包成HAP后，表示HAP的名称，标签值采用字符串表示（最大长度为31字节），该名称在整个应用中唯一
type	表示模块的类型，类型有3种，分别是entry、feature和har
srcEntrance	当前模块的入口文件路径
description	当前模块的描述信息
mainElement	该标签标识HAP的入口Ability名称或者Extension名称。只有配置为mainElement的Ability或者Extension才允许在服务中心露出
deviceTypes	该标签标识HAP可以运行在哪类设备上，标签值采用字符串数组表示

（续表）

属　性	描　述
deliveryWithInstall	该标签标识当前HAP是否在用户主动安装时安装，true表示主动安装时安装，false表示主动安装时不安装
installationFree	表示当前HAP是否支持免安装特性，如果此配置项为true，则包名必须加上.hservice后缀
pages	对应的是main_pages.json文件，用于配置Ability中用到的page信息
abilities	是一个数组，存放当前模块中所有的Ability元能力的配置信息，其中可以有多个Ability。对于Abilities中的每个Ability的属性项，其描述信息见表1-2

表1-2　abilities中对象的默认配置属性及描述

属　性	描　述
name	该标签标识当前Ability的逻辑名，该名称在整个应用中唯一，标签值采用字符串表示（最大长度为127字节）
srcEntrance	Ability的入口代码路径
description	Ability的描述信息
icon	Ability的图标。该标签标识Ability图标，标签值为资源文件的索引。该标签可保持默认，默认值为空。如果Ability被配置为MainElement，那么该标签必须配置
label	Ability的标签名
startWindowIcon	启动页面的图标
startWindowBackground	启动页面的背景色
visible	Ability是否可以被其他应用程序调用，true表示可以被其他应用程序调用，false表示不可以被其他应用调用
skills	该标签标识能够接收的意图的action值的集合，取值通常为系统预定义的action值，也允许自定义
entities	该标签标识能够接收Want的元能力的类别集合，取值通常为系统预定义的类别，也允许自定义
actions	该标签标识能够接收Want的元能力的类别集合，取值通常为系统预定义的类别，也允许自定义

3 main_pages.json

依次打开 src → main → resources → base → profile 文件夹，其下的 main_pages.json 文件保存的是页面 page 的路径配置信息，所有需要进行路由跳转的 page 页面都要在这里进行配置。

1.7 总结

本章主要介绍了 HarmonyOS 的概念、背景、特征，以及如何通过 DevEco Studio 来创建 HarmonyOS 项目。

本章也详细介绍了 HarmonyOS 应用工程结构的含义。

1.8　习题

1. 判断题

（1）main_pages.json 存放页面 page 路径配置信息。（　　）

（2）DevEco Studio 是开发 HarmonyOS 应用的一站式集成开发环境。（　　）

2. 单选题

在 Stage 模型中，下列配置文件属于 AppScope 文件夹的是？（　　）

    A. main_pages.json   B. module.json5

    C. app.json5   D. package.json

3. 多选题

（1）如何在 DevEco Studio 中创建新项目？（　　）

    A. 在计算机上创建一个新文件，并将其命名为"new harmonyOS 项目"

    B. 如果已打开项目，从 DevEco Studio 菜单选择 File → New → Create Project

    C. 如果第一次打开 DevEco Studio，在欢迎页单击 Create new Project 按钮

（2）module.json5 配置文件中包含以下哪些信息？（　　）

    A. Ability 的相关配置信息   B. 模块名

    C. 应用的版本号   D. 模块类型

第2章

Chapter 2

Ability 的开发

本章介绍 HarmonyOS 的核心组件 Ability 的开发。

2.1 Ability 概述

Ability 翻译成中文就是"能力"的意思。在 HarmonyOS 中，Ability 是应用所具备能力的抽象，也是应用程序的重要组成部分。

2.1.1 单 Ability 应用和多 Ability 应用

一个应用可以具备多种能力，也就是说可以包含多个 Ability。HarmonyOS 支持应用以 Ability 为单位进行部署。

如图 2-1 所示，左侧图片是一个浏览器应用，右侧图片是一个聊天应用。浏览器应用可以通过一个 Ability 结合多页面的形式让用户进行的搜索和浏览内容。而聊天应用增加了一个"外卖功能"的场景，可以将聊天应用中"外卖功能"的内容独立为一个 Ability。当用户打开聊天应用的"外卖功能"，查看外卖订单详情时，如果有新的聊天消息，即可通过最近任务列表切换回聊天窗口继续进行聊天对话。

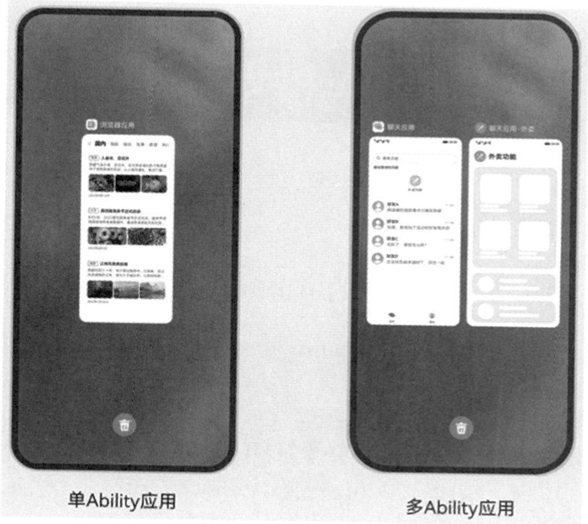

单Ability应用　　　　多Ability应用

图 2-1 单 Ability 应用和多 Ability 应用

2.1.2 HarmonyOS 应用模型

HarmonyOS 应用模型的构成要素如下。

- 应用组件：应用组件是应用的基本组成单位，是应用的运行入口。用户启动、使用和退出应用的过程中，应用组件会在不同的状态间切换，这些状态称为应用组件的生命周期。应用组件提供生命周期的回调函数，开发者通过应用组件的生命周期回调感知应用的状态变化。应用开发者在编写应用时，首先需要编写应用组件，同时还需要编写应用组件的生命周期回调函数，并在应用配置文件中配置相关信息。这样，操作系统在运行期间可以通过配置文件创建应用组件的实例，并调度它的生命周期回调函数，从而执行开发者的代码。
- 应用进程模型：应用进程模型定义应用进程的创建和销毁方式，以及进程间的通信方式。
- 应用线程模型：应用线程模型定义应用进程内线程的创建和销毁方式、主线程和 UI 线程的创建方式、线程间的通信方式。
- 应用任务管理模型：应用任务管理模型定义任务（Mission）的创建和销毁方式，以及任务与组件间的关系。HarmonyOS 应用任务管理由系统应用负责，第三方应用无须关注。
- 应用配置文件：应用配置文件中包含应用配置信息、应用组件信息、权限信息、开发者自定义信息等，这些信息在编译构建、分发和运行阶段分别提供给编译工具、应用市场和操作系统使用。

截至目前，在 HarmonyOS 中，Ability 框架模型结构具有以下两种形态。

- FA 模型：API 8 及更早版本的应用程序只能使用 FA 模型进行开发。
- Stage 模型：从 API 9 开始，Ability 框架引入并支持使用 Stage 模型进行开发，也是目前 HarmonyOS 所推荐的开发方式。

FA 模型和 Stage 模型的工程目录结构存在差异，Stage 模型目前只支持使用 ArkTS 语言进行开发。本书示例也是采用 Stage 模型开发的。

2.2 FA 模型介绍

FA（Feature Ability）模型是 HarmonyOS 早期版本（API 8 及更早版本）开始支持的模型，目前已经不再主推。

2.2.1 FA 模型中的 Ability

FA 模型中的 Ability 分为 PageAbility、ServiceAbility、DataAbility、FormAbility 四种类型。其中：

- PageAbility 是具备 UI 实现的 Ability，是用户具体可见并可以交互的 Ability 实例。
- ServiceAbility 也是 Ability 的一种，但是没有 UI，为其他 Ability 提供调用自定义的服务，在后台运行。
- DataAbility 也是没有 UI 的 Ability，为其他 Ability 提供进行数据增、删、查的服务，在后台运行。
- FormAbility 是卡片 Ability，是一种界面展示形式。

2.2.2　FA 模型的生命周期

在所有 Ability 中，PageAbility 因为具有界面，也是应用的交互入口，因此生命周期更加复杂。

PageAbility 的生命周期回调如图 2-2 所示。

其他类型 Ability 的生命周期可参考 PageAbility 生命周期去除前后台切换以及 onShow 的部分进行理解。

开发者可以在 app.ets 中重写生命周期函数，在对应的生命周期函数内处理应用相应逻辑。

2.2.3　FA 模型的进程线程模型

应用独享独立进程，Ability 独享独立线程，应用进程在 Ability 第一次启动时创建，并为启动的 Ability 创建线程，应用启动后再启动应用内其他 Ability，会为每个 Ability 创建相应的线程。每个 Ability 绑定一个独立的 JSRuntime 实例，因此 Ability 之间是隔离的，如图 2-3 所示。

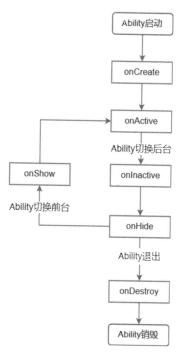

图 2-2　PageAbility 的生命周期

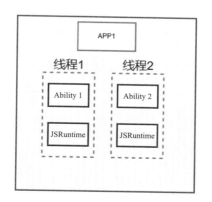
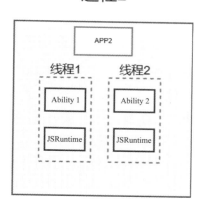

图 2-3　FA 模型的进程线程模型

2.3　Stage 模型介绍

Stage 模型是 HarmonyOS 3.1 版本开始新增的模型，也是目前 HarmonyOS 主推且会长期演进的模型。在该模型中，由于提供了 AbilityStage、WindowStage 等类作为应用组件和 Window 窗口的"舞台"，因此称这种应用模型为 Stage 模型。本书主要介绍以 Stage 模型为主的开发方式。

2.3.1 Stage 模型的设计思想

Stage 模型之所以成为主推模型，源于其设计思想。Stage 模型的设计基于如下 3 个出发点。

1 为复杂应用而设计

Stage 模型简化了应用复杂度：

- 多个应用组件共享同一个 ArkTS 引擎（运行 ArkTS 语言的虚拟机）实例，应用组件之间可以方便地共享对象和状态，同时减少复杂应用运行对内存的占用。
- 采用面向对象的开发方式，使得复杂的应用代码可读性高、易维护性好、可扩展性强。

2 支持多设备和多窗口形态

Stage 模型应用组件管理和窗口管理在架构层面解耦：

- 便于系统对应用组件进行裁剪（无屏设备可裁剪窗口）。
- 便于系统扩展窗口形态。
- 在多设备（如桌面设备和移动设备）上，应用组件可使用同一套生命周期。

3 平衡应用能力和系统管控成本

Stage 模型重新定义了应用能力的边界，平衡了应用能力和系统管控成本。

- 提供特定场景（如卡片、输入法）的应用组件，以便满足更多的使用场景。
- 规范化后台进程管理：为保障用户体验，Stage 模型对后台应用进程进行了有序治理，应用程序不能随意驻留在后台，同时应用后台行为受到严格管理，防止恶意应用行为。

2.3.2 Stage 模型的 Ability 生命周期

在 Ability 的使用过程中，会有多种生命周期状态。掌握 Ability 的生命周期对于应用的开发非常重要。

为了实现多设备形态上的裁剪和多窗口的可扩展性，系统对组件管理和窗口管理进行了解耦。Ability 的生命周期包括 Create、Foreground、Background、Destroy 四个状态，WindowStageCreate 和 WindowStageDestroy 为窗口管理器（WindowStage）在 Ability 中管理 UI 界面功能的两个生命周期回调，从而实现 Ability 与窗口之间的弱耦合，如图 2-4 所示。

2.3.3 Stage 模型的 Ability 启动模式

Ability 的启动模式是指 Ability 实例在启动时的不同呈现状态。针对不同的业务场景，系统提供了 3 种启动模式：

- singleton（单实例模式）。
- standard（标准实例模式）。
- specified（指定实例模式）。

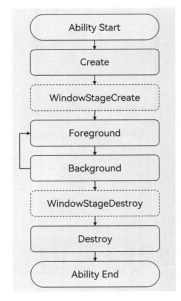

图 2-4 Ability 生命周期状态

1 singleton 启动模式

singleton 是默认情况下的启动模式。

每次调用 startAbility() 方法时，如果应用进程中该类型的 Ability 实例已经存在，则复用系统中的 Ability 实例。系统中只存在唯一一个该 Ability 实例，即在最近任务列表中只存在一个该类型的 Ability 实例。此时，应用的 Ability 实例已创建，当再次调用 startAbility() 方法启动该 Ability 实例时，只会进入该 Ability 的 onNewWant() 回调，不会进入其 onCreate() 和 onWindowStageCreate() 生命周期回调。

如果需要使用 singleton 启动模式，将 module.json5 配置文件中的 "launchType" 字段配置为 "singleton" 即可。

```
{
    "module": {
        ...
        "abilities": [
            {
                "launchType": "singleton",
                ...
            }
        ]
    }
}
```

2 standard 启动模式

在 standard 启动模式下，每次调用 startAbility() 方法时，都会在应用进程中创建一个新的该类型的 Ability 实例，即在最近任务列表中可以看到有多个该类型的 Ability 实例。这种情况下，可以将 Ability 配置为 standard。

如果需要使用 standard 启动模式，将 module.json5 配置文件中的 "launchType" 字段配置为 "standard" 即可。

3 specified 启动模式

在 specified 启动模式下，在 Ability 实例创建之前，允许开发者为该实例创建一个唯一的字符串 Key，创建的 Ability 实例绑定 Key 之后，后续每次调用 startAbility() 方法时，都会询问应用使用哪个 Key 对应的 Ability 实例来响应 startAbility 请求。运行时由 Ability 内部业务决定是否创建多个实例，如果匹配有该 Ability 实例的 Key，则直接拉起与之绑定的 Ability 实例，否则创建一个新的 Ability 实例。

例如，用户在应用中重复打开同一个文档时，启动的均是最近任务列表中的同一个任务，以及在应用中重复新建文档时，启动的均是最近任务列表中的新任务。这种情况下，可以将 Ability 配置为 specified。当再次调用 startAbility() 方法启动该 Ability 实例，且 AbilityStage 的 onAcceptWant() 回调匹配到一个已创建的 Ability 实例时，再次启动该 Ability，只会进入该

Ability 的 onNewWant() 回调，不会进入其 onCreate() 和 onWindowStageCreate() 生命周期回调。

如果需要使用 specified 启动模式，将 module.json5 配置文件的 "launchType" 字段配置为 "specified" 即可。

2.4 实战：Ability 内页面的跳转和数据传递

Ability 的数据传递包括 Ability 内页面的跳转和数据传递、Ability 间的数据跳转和数据传递。本节主要讲解 Ability 内页面的跳转和数据传递。

打开 DevEco Studio，选择一个 Empty Ability 工程模板，创建一个名为 ArkUIPagesRouter 的工程为演示示例。

2.4.1 新建 Ability 内页面

初始化工程之后，会生成以下内容：

- 在 src/main/ets/entryability 目录下，初始会生成一个 Ability 文件 EntryAbility.ts。可以在 EntryAbility.ts 文件中根据业务需要实现 Ability 的生命周期回调内容。
- 在 src/main/ets/pages 目录下，会生成一个 Index 页面。这也是基于 Ability 实现的应用的入口页面。可以在 Index 页面中根据业务需要实现入口页面的功能。

为了实现页面的跳转和数据传递，需要新建一个页面。在 src/main/ets/pages 目录下，可以通过右击 New → Page 来新建页面，如图 2-5 所示。

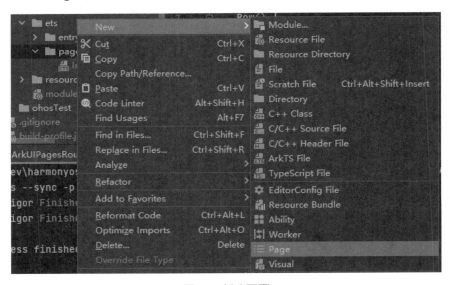

图 2-5 新建页面

在原有 Index 页面的基础上，新建一个名为 Second 的页面，如图 2-6 所示。

图 2-6 新建一个 Second 页面

Second 页面创建完成之后，会自动做两个动作。一个动作是在 src/main/ets/pages 目录下创建一个 Second.ets 文件。Second.ets 文件内容如下：

```
@Entry
@Component
struct Second {
  @State message: string = 'Hello World'

  build() {
    Row() {
      Column() {
        Text(this.message)
          .fontSize(50)
          .fontWeight(FontWeight.Bold)
      }
      .width('100%')
    }
    .height('100%')
  }
}
```

另一个动作是将 Second 页面信息配置到 src/main/resources/base/profile/main_pages.json 文件中。main_pages.json 文件内容如下：

```
{
  "src": [
    "pages/Index",
    "pages/Second"
  ]
}
```

分别把 Index.ets 和 Second.ets 的 message 变量值改为"Index 页面"和"Second 页面"以示区别。

2.4.2　页面跳转及传参

页面间的导航可以通过页面路由 router 模块来实现。页面路由模块根据页面 URL 找到目标页面，从而实现跳转。通过页面路由模块，可以使用不同的 URL 访问不同的页面，包括跳转到 Ability 内的指定页面、用 Ability 内的某个页面替换当前页面、返回上一个页面或指定的页面等。通过 params 来传递参数。

在使用页面路由之前，需要先导入 router 模块，代码如下：

```
// 导入 router 模块
import router from '@ohos.router';
```

页面跳转有以下几种方式，根据需要选择一种方式跳转即可。

1 router.push()

通过调用 router.push() 方法，跳转到 Ability 内的指定页面。每调用一次 router.push() 方法，均会新建一个页面。默认情况下，页面栈数量会加 1，页面栈支持的最大页面数量为 32。

当页面栈数量较大或者超过 32 时，可以通过调用 router.clear() 方法清除页面栈中的所有历史页面，仅保留当前页面作为栈顶页面。

用法示例如下：

```
router.push({
  url: 'pages/Second',
  params: {
    src: 'Index 页面传来的数据 ',
  }
})
```

2 router.push() 加 mode 参数

router.push() 方法新增了 mode 参数，可以将 mode 参数配置为 router.RouterMode.Single 单实例模式和 router.RouterMode.Standard 标准模式。

在单实例模式下，如果目标页面在页面栈中已经存在同 URL 的页面，离栈顶最近的同 URL 的页面会被移动到栈顶，移动后的页面为新建页，原来的页面仍然保存在栈中，页面栈数量不变；如果目标页面在页面栈中不存在同 URL 的页面，那么按照标准模式跳转，页面栈数量会加 1。

用法示例如下：

```
router.push({
  url: 'pages/Second',
  params: {
    src: 'Index 页面传来的数据 ',
```

```
  }
}, router.RouterMode.Single)
```

3 router.replace()

通过调用 router.replace() 方法，跳转到 Ability 内的指定页面。即使用新的页面替换当前页面，并销毁被替换的当前页面，页面栈数量依然不变。

用法示例如下：

```
router.replace({
  url: 'pages/Second',
  params: {
    src: 'Index 页面传来的数据 ',
  }
})
```

4 router.replace() 加 mode 参数

router.replace() 方法新增了 mode 参数，可以将 mode 参数配置为 router.RouterMode.Single 单实例模式和 router.RouterMode.Standard 标准模式。

在单实例模式下，如果目标页面在页面栈中已经存在同 URL 的页面，离栈顶最近的同 RUL 的页面会被移动到栈顶，替换当前页面，并销毁被替换的当前页面，移动后的页面为新建页，页面栈数量会减 1；如果目标页面在页面栈中不存在同 URL 的页面，那么按照标准模式跳转，页面栈数量不变。

用法示例如下：

```
router.replace({
  url: 'pages/Second',
  params: {
    src: 'Index 页面传来的数据 ',
  }
}, router.RouterMode.Single)
```

最后，在 Index.ets 文件中添加按钮以触发跳转。Index.ets 代码如下：

```
// 导入 router 模块
import router from '@ohos.router';

@Entry
@Component
struct Index {
  @State message: string = 'Index 页面 '

  build() {
    Row() {
      Column() {
        Text(this.message)
          .fontSize(50)
```

```
        .fontWeight(FontWeight.Bold)

      // 添加按钮，触发跳转
      Button(' 跳转 ')
        .fontSize(40)
        .onClick(() => {
          router.push({
            url: 'pages/Second',
            params: {
              src: 'Index 页面传来的数据 ',
            }
          });
        })
      }
      .width('100%')
    }
    .height('100%')
  }
}
```

2.4.3　参数接收

通过调用 router.getParams() 方法获取 Index 页面传递过来的自定义参数。

```
import router from '@ohos.router';

@Entry
@Component
struct Second {
  @State src: string = router.getParams()?.['src'];
  // 页面刷新展示
  ...
}
```

可以调用 router.back() 方法返回上一个页面。

最终，完整的 Second.ets 代码如下：

```
// 导入 router 模块
import router from '@ohos.router';

@Entry
@Component
struct Second {
  @State message: string = 'Second 页面 '
  @State src: string = router.getParams()?.['src'];

  build() {
    Row() {
      Column() {
        Text(this.message)
          .fontSize(50)
```

```
        .fontWeight(FontWeight.Bold)

        // 显示传参的内容
        Text(this.src)
            .fontSize(30)

        // 添加按钮，触发返回
        Button(' 返回 ')
            .fontSize(40)
            .onClick(() => {
                router.back();
            })
    }
    .width('100%')
    }
    .height('100%')
    }
}
```

2.4.4　运行

运行项目后，初始化界面如图 2-7 所示。

在 Index 页面中，单击"跳转"按钮后，即可从 Index 页面跳转到 Second 页面，并在
Second 页面中接收参数和进行页面刷新展示，页面效果如图 2-8 所示。

图 2-7　初始化页面

图 2-8　Second 页面

当在 Second 页面单击"返回"按钮后，则会回到如图 2-7 所示的 Index 页面。

以上就是完整的页面跳转及传参、接收参数的过程。

2.5 Want 概述

在 Stage 模型中，Want 是对象间信息传递的载体，可以用于应用组件间的信息传递。而在 FA 模型中，Intent 是与之有相同概念的类。

2.5.1 Want 的用途

Want 的使用场景之一是作为 startAbility 的参数，其包含指定的启动目标，以及启动时需携带的相关数据，如 bundleName 和 abilityName 字段分别指明目标 Ability 所在应用的包名以及对应包内的 Ability 名称。当 AbilityA 启动 AbilityB 并需要传入一些数据给 AbilityB 时，Want 可以作为一个数据载体将数据传给 AbilityB，如图 2-9 所示。

图 2-9 Want 用法示意

2.5.2 Want 的类型

Want 的类型主要分为显式和隐式。

1 显式 Want

在启动 Ability 时指定了 abilityName 和 bundleName 的 Want 称为显式 Want。

当有明确处理请求的对象时，通过提供目标 Ability 所在应用的包名信息（bundleName），并在 Want 内指定 abilityName 便可启动目标 Ability。显式 Want 通常在启动当前应用开发中某个已知 Ability 时被用到，示例如下：

```
let want = {
    deviceId: '',
    bundleName: 'com.example.myapplication',
    abilityName: 'calleeAbility',
};
```

2 隐式 Want

在启动 Ability 时未指定 abilityName 的 Want 称为隐式 Want。

当请求处理的对象不明确时，如开发者希望在当前应用中使用其他应用提供的某个能力（通过 skills 定义），而不关心提供该能力的具体应用时，可以使用隐式 Want。例如使用隐式 Want 描述需要打开一个链接的请求，而不关心通过具体哪个应用打开，系统将匹配声明支持该请求的所有应用。当未匹配到支持的应用时，系统将弹窗说明无法打开；当仅匹配到一个应用时，系统将自动拉起对应应用；当匹配到多个应用时，系统将弹出候选列表，由用户选择拉起哪个应用，示例如下：

```
let want = {
    action: 'ohos.want.action.search',
    entities: [ 'entity.system.browsable' ],
    uri: 'https://www.test.com:8080/query/student',
    type: 'text/plain',
};
```

其中，action 表示调用方要执行的通用操作（如查看、分享、应用详情）。在隐式 Want 中，可定义该字段，配合 uri 或 parameters 来表示对数据要执行的操作，如打开、查看该 uri 数据等。例如，当 uri 为一段网址、action 为 ohos.want.action.viewData 时，表示匹配可查看该网址的 Ability。在 Want 内声明 action 字段，表示希望被调用方应用支持声明的操作。在被调用方应用配置文件 skills 字段内声明 action 字段，表示该应用支持声明操作。

常见的 action 如下。

- ACTION_HOME：启动应用入口组件的动作，需要和 ENTITY_HOME 配合使用。系统桌面应用图标就是显式的入口组件，单击也是启动入口组件。入口组件可以配置多个。
- ACTION_CHOOSE：选择本地资源数据，例如联系人、相册等。系统一般对不同类型的数据有对应的 Picker 应用，例如联系人和图库。
- ACTION_VIEW_DATA：查看数据，当使用网址 uri 时，表示显示该网址对应的内容。
- ACTION_VIEW_MULTIPLE_DATA：发送多个数据记录的操作。

entities 表示目标 Ability 的类别信息（如浏览器、视频播放器），在隐式 Want 中是对 action 的补充。在隐式 Want 中，开发者可定义该字段来过滤匹配应用的类别，例如必须是浏览器。在 Want 内声明 entities 字段，表示希望被调用方应用属于声明的类别。在被调用方应用配置文件 skills 字段内声明 entites，表示该应用支持的类别。

常用的 entities 如下。

- ENTITY_DEFAULT：默认类别无实际意义。
- ENTITY_HOME：主屏幕有图标单击入口类别。
- ENTITY_BROWSABLE：指示浏览器类别。

所 action 和 entities 都定义在 wantConstant 模块中。

2.5.3　Want 参数属性

Want 参数属性说明如表 2-1 所示。

表2-1　Want参数属性说明

名　　称	读写属性	类　　型	必　　填	描　　述
deviceId	只读	string	否	表示目标Ability所在的设备ID。如果未设置该字段，则表示本设备

（续表）

名　称	读写属性	类　型	必　填	描　述
bundleName	只读	string	否	表示目标Ability所在的应用名称
moduleName	只读	string	否	表示目标Ability所属的模块名称
abilityName	只读	string	否	表示目标Ability名称。如果未设置该字段，则该Want为隐式。如果在Want中同时指定了bundleName、moduleName和abilityName，则Want可以直接匹配到指定的Ability
uri	只读	string	否	表示携带的数据，一般配合type使用，指明待处理的数据类型。如果在Want中指定了uri，则Want将匹配指定的uri信息，包括scheme、schemeSpecificPart、authority和path信息
type	只读	string	否	表示携带数据类型，使用MIME类型规范。例如text/plain、image/*等
action	只读	string	否	表示要执行的通用操作（如查看、分享、应用详情）。在隐式Want中，可定义该字段，配合uri或parameters来表示对数据要执行的操作，如打开、查看该uri数据等。例如，当uri为一段网址，action为ohos.want.action.viewData时，表示匹配可查看该网址的Ability
entities	只读	Array<string>	否	表示目标Ability额外的类别信息（如浏览器、视频播放器），在隐式Want中是对action的补充。在隐式Want中，可定义该字段来过滤匹配Ability的类别，如必须是浏览器。例如，在action字段的举例中，可存在多个应用声明支持查看网址的操作，其中有的应用为普通社交应用，有的应用为浏览器应用，可通过entity.system.browsable过滤掉非浏览器的其他应用
flags	只读	number	否	表示处理Want的方式。例如通过wantConstant.Flags.FLAG_ABILITY_CONTINUATION表示是否以设备间迁移方式启动Ability
parameters	只读	{[key: string]: any}	否	此参数用于传递自定义数据，通过用户自定义的键-值对进行数据填充，具体支持的数据类型如Want API所示

2.6 实战：显式 Want 启动 Ability

本节演示如何通过显式 Want 拉起应用内一个指定 Ability 组件。

打开 DevEco Studio，选择一个 Empty Ability 工程模板，创建一个名为 ArkUIWantStartAbility 的工程为演示示例。

2.6.1　新建 Ability 内页面

初始化工程之后，在原有代码的基础上新建一个页面。在 src/main/ets/pages 目录下，通过右击 New → Page 来新建一个名为 Second 的页面。

对 Second.ets 文件中的 message 变量值进行修改，最终文件内容如下：

```
@Entry
@Component
struct Second {
  // 修改变量值为 Second
  @State message: string = 'Second'

  build() {
    Row() {
      Column() {
        Text(this.message)
          .fontSize(50)
          .fontWeight(FontWeight.Bold)
      }
      .width('100%')
    }
    .height('100%')
  }
}
```

2.6.2　新建 Ability

在原有代码的基础上新建一个 Ability。在 src/main/ets 目录下，通过右击 New → Ability 来新建一个名为 SecondAbility 的 Ability。

创建完成之后，会自动在 module.json5 文件中添加该 Ability 的信息：

```
{
    "name": "SecondAbility",
    "srcEntrance": "./ets/secondability/SecondAbility.ts",
    "description": "$string:SecondAbility_desc",
    "icon": "$media:icon",
    "label": "$string:SecondAbility_label",
    "startWindowIcon": "$media:icon",
    "startWindowBackground": "$color:start_window_background",
    "visible": true
}
```

此时，在 src/main/ets 目录下会初始化一个 secondability 目录，并在 secondability 目录下生成一个 SecondAbility.ts 文件。修改该文件，将 'pages/Index' 改为 'pages/Second'，最终文件内容如下：

```
onWindowStageCreate(windowStage: Window.WindowStage) {
        //Main window is created, set main page for this ability
```

```
        hilog.isLoggable(0x0000, 'testTag', hilog.LogLevel.INFO);
        hilog.info(0x0000, 'testTag', '%{public}s', 'Ability
onWindowStageCreate');

        // 加载 Second 页面
        windowStage.loadContent('pages/Second', (err, data) => {
            if (err.code) {
                hilog.isLoggable(0x0000, 'testTag', hilog.LogLevel.ERROR);
                hilog.error(0x0000, 'testTag', 'Failed to load the content.
Cause: %{public}s', JSON.stringify(err) ?? '');
                return;
            }
            hilog.isLoggable(0x0000, 'testTag', hilog.LogLevel.INFO);
            hilog.info(0x0000, 'testTag', 'Succeeded in loading the content.
Data: %{public}s', .stringify(data) ?? '');
        });
    }
```

上述修改是为了当启动 SecondAbility 时，能够展示 Second 页面。

2.6.3 使用显式 Want 启动 Ability

在 Index.ets 文件中添加按钮以触发执行启动 Ability。Index.ets 代码如下：

```
// 导入 context
import context from '@ohos.application.context';

@Entry
@Component
struct Index {
  @State message: string = 'Hello World'

  build() {
    Row() {
      Column() {
        Text(this.message)
          .fontSize(50)
          .fontWeight(FontWeight.Bold)

        // 添加按钮，启动 Ability
        Button(' 启动 ')
          .fontSize(40)
          .onClick(this.explicitStartAbility) // 显式启动 Ability
      }
      .width('100%')
    }
    .height('100%')
  }

  // 显式启动 Ability
  async explicitStartAbility() {
```

```
try {
  // 在启动 Ability 时指定 abilityName 和 bundleName
  let want = {
    deviceId: "",
    bundleName: "com.waylau.hmos.arkuiwantstartability",
    abilityName: "SecondAbility"
  };
  let context = getContext(this) as context.AbilityContext;
  await context.startAbility(want);
  console.info('explicit start ability succeed');
} catch (error) {
  console.info('explicit start ability failed with ${error.code}');
}
```

2.6.4 运行

运行项目后，初始化界面如图 2-10 所示。

在 Index 页面中，单击"启动"按钮后，启动 SecondAbility 并展示 Second 页面，页面效果如图 2-11 所示。

图 2-10 初始化页面

图 2-11 Second 页面

以上就是完整的显式 Want 启动 Ability 的过程。

2.7 实战：隐式 Want 打开应用管理

本节演示如何通过隐式 Want 打开应用管理。

打开 DevEco Studio，选择一个 Empty Ability 工程模板，创建一个名为 ArkUIWantOpenManageApplications 的工程为演示示例。

2.7.1 使用隐式 Want 启动 Ability

在 Index.ets 文件中添加按钮以触发执行启动 Ability。Index.ets 代码如下：

```
// 导入 context
import context from '@ohos.application.context';
// 导入 wantConstant
import wantConstant from '@ohos.ability.wantConstant';

@Entry
@Component
struct Index {
  build() {
    Row() {
      Column() {
        // 添加按钮，启动 Ability
        Button(' 启动 ')
          .fontSize(40)
          .onClick(this.implicitStartAbility) // 隐式启动 Ability
      }
      .width('100%')
    }
    .height('100%')
  }

  // 隐式启动 Ability
  async implicitStartAbility() {
    try {
      let want = {
        // 调用应用管理
        "action": wantConstant.Action.ACTION_MANAGE_APPLICATIONS_SETTINGS
      }
      let context = getContext(this) as context.AbilityContext;
      await context.startAbility(want)
      console.info('implicit start ability succeed')
    } catch (error) {
      console.info('implicit start ability failed with ${error.code}')
    }
  }
}
```

上述 implicitStartAbility() 方法通过指定 "action" 为 ACTION_MANAGE_APPLICATIONS_ SETTINGS，从而实现隐式启动应用管理。

2.7.2 运行

运行项目后，初始化界面如图 2-12 所示。

在 Index 页面中，单击"启动"按钮后，启动应用管理并展示应用管理页面，页面效果如图 2-13 所示。

以上就是完整的隐式 Want 启动 Ability 的过程。

图 2-12　初始化页面

图 2-13　应用管理页面

2.8　总结

本章介绍了 Ability 的开发，内容包括 Ability 的概念、两种 Ability 模型以及 Want。同时演示了如何实现 Ability 内页面的跳转和数据传递，以及如何实现启动 Ability。

2.9　习题

1. 判断题

（1）一个应用只能有一个 Ability。（　　）

（2）创建的 Empty Ability 模板工程，初始会生成一个 Ability 文件。（　　）

（3）每调用一次 router.push() 方法，页面路由栈数量均会加 1。（　　）

2. 单选题

（1）API 9 及以上，在 router.push() 方法中，默认的跳转页面使用的模式是哪一种？（　　）

    A. Standard　　　　　　　　B. Single　　　　　　　　C. Specified

（2）Ability 启动模式需要在 module.json5 文件中配置哪个字段？（　　）

    A. module　　　　　　　　B. skills

    C. launchType　　　　　　　D. abilities

3. 多选题

（1）API 9 及以上，router.push() 方法的 mode 参数可以配置为以下哪几种跳转页面使用的模式？（　　）

A. Standard   B. Single   C. Specified

（2）Ability 的生命周期有哪几个状态？（　　）

A. Create   B. WindowStageCreate   C. Foreground

D. Background   E. WindowStageDestroy   F. Destroy

（3）Ability 有哪几种启动模式？（　　）

A. Standard   B. Singleton   C. Specified

UI 开发（上）

HarmonyOS UI 框架提供了用于创建用户界面的各类组件，包括一些常用的组件和常用的布局。用户可通过组件进行交互操作，并获得响应。

HarmonyOS 可通过包括 Java、JS 和 ArkTS 等多种语言来实现 UI 的开发。本章重点介绍以 ArkTS 语言为核心的 ArkUI 框架的使用。

由于 UI 开发涉及的组件较多，本书将分两章来讲述，本章介绍常用的组件和基础组件，下一章继续介绍其他相关组件。

3.1 ArkUI 概述

ArkUI（方舟开发框架）是一套构建 HarmonyOS 应用界面的 UI 开发框架，它提供了极简的 UI 语法与包括 UI 组件、动画机制、事件交互等在内的 UI 开发基础设施，以满足应用开发者的可视化界面开发需求。

3.1.1 ArkUI 的基本概念

ArkUI 的基本概念分为以下两部分。

- 组件：组件是界面搭建与显示的最小单位。开发者通过多种组件的组合构建出满足自身应用诉求的完整界面。
- 页面：Page 页面是 ArkUI 最小的调度分隔单位。开发者可以将应用设计为多个功能页面，每个页面进行单独的文件管理，并通过页面路由 API 完成页面间的调度管理，以实现应用内功能的解耦。

我们以 2.4 节中的 Index.ets 代码为例：

```
// 导入 router 模块
import router from '@ohos.router';

@Entry
```

```
@Component
struct Index {
  @State message: string = 'Index 页面'

  build() {
    Row() {
      Column() {
        Text(this.message)
          .fontSize(50)
          .fontWeight(FontWeight.Bold)

        // 添加按钮，触发跳转
        Button(' 跳转 ')
          .fontSize(40)
          .onClick(() => {
            router.push({
              url: 'pages/Second',
              params: {
                src: 'Index 页面传来的数据 ',
              }
            });
          })
      }
      .width('100%')
    }
    .height('100%')
  }
}
```

上述代码中，Index 和 Second 就是页面，而 Row、Column、Text、Button 等都是 ArkUI 的组件。

Index 和 Second 这两个页面是通过页面路由 API 完成页面间的调度管理的，以实现应用内功能的解耦。

3.1.2 ArkUI 的主要特征

ArkUI 的主要特征如下。

- UI 组件：ArkUI 内置了丰富的多态组件，包括 Image、Text、Button 等基础组件，可包含一个或多个子组件的容器组件、满足开发者自定义绘图需求的绘制组件以及提供视频播放能力的媒体组件等。其中"多态"是指组件针对不同类型设备进行了设计，提供了在不同平台上的样式适配能力。同时，ArkUI 也支持用户自定义组件。
- 布局：UI 界面设计离不开布局的参与。ArkUI 提供了多种布局方式，不仅保留了经典的弹性布局能力，还提供了列表、宫格、栅格布局和适应多分辨率场景开发的原子布局能力。
- 动画：ArkUI 对于 UI 界面的美化，除组件内置动画效果外，还提供了属性动画、转场动画和自定义动画能力。
- 绘制：ArkUI 提供了多种绘制能力，以满足开发者的自定义绘图需求，支持绘制形状、颜色填充、绘制文本、变形与裁剪、嵌入图片等。

- 交互事件：ArkUI 提供了多种交互能力，以满足应用在不同平台通过不同输入设备进行 UI 交互响应的需求，默认适配触摸手势、遥控器按键输入、键鼠输入，同时提供了相应的事件回调以便开发者添加交互逻辑。
- 平台 API 通道：ArkUI 提供了 API 扩展机制，可通过该机制对平台能力进行封装，提供风格统一的 JS 接口。
- 两种开发范式：ArkUI 针对不同的应用场景以及不同技术背景的开发者提供了两种开发范式，分别是基于 ArkTS 的声明式开发范式（简称声明式开发范式）和兼容 JS 的类 Web 开发范式（简称类 Web 开发范式）。

3.1.3 JS、TS、ArkTS、ArkUI 和 ArkCompiler 之间的联系

JS（JavaScript 的简写）、TS（TypeScript 的简写）和 ArkTS 都是开发语言，其中，TS 是 JS 的超集，而 ArkTS 在 TS 的基础上扩展了声明式 UI、状态管理等相应的能力，让开发者能够以更简洁、更自然的方式开发高性能应用。ArkTS 会结合应用开发和运行的需求持续演进，包括但不限于引入分布式开发范式、并行和并发能力增强、类型系统增强等方面的语言特性。因此，三者的关系如图 3-1 所示。

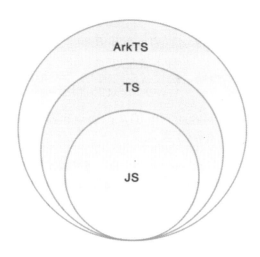

图 3-1 框架结构

ArkUI 是一套构建分布式应用界面的声明式 UI 开发框架。它使用极简的 UI 信息语法、丰富的 UI 组件以及实时界面预览工具，帮助开发者提升 HarmonyOS 应用界面开发效率的 30%。只需使用一套 ArkTS API，就能在多个 HarmonyOS 设备上提供生动而流畅的用户界面体验。

ArkCompiler（方舟编译器）是华为自研的统一编程平台，包含编译器、工具链、运行时等关键部件，支持高级语言在多种芯片平台的编译与运行，并支撑应用和服务运行在手机、个人计算机、平板电脑、电视、汽车和智能穿戴设备等多种设备上。ArkCompiler 会把 ArkTS、TS、JS 编译为方舟字节码，运行时直接运行方舟字节码。同时，ArkCompiler 使用多种混淆技术提供更高强度的混淆与保护，使得 HarmonyOS 应用包中装载的是多重混淆后的字节码。ArkCompiler 框架结构如图 3-2 所示。

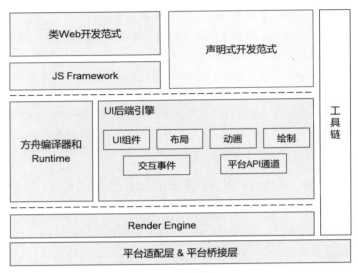

图 3-2 框架结构

3.2 声明式开发范式

ArkUI 是一套开发极简、高性能、跨设备应用的 UI 开发框架，支持开发者高效地构建跨设备应用 UI 界面。

3.2.1 声明式开发范式与类 Web 开发范式

声明式开发范式是采用基于 TypeScript 的声明式 UI 语法扩展而来的 ArkTS 语言，从组件、动画和状态管理 3 个维度提供了 UI 绘制能力。声明式开发范式更接近自然语义的编程方式，让开发者更直观地描述 UI 界面，不必关心框架如何实现 UI 绘制和渲染，实现极简高效开发。因此，声明式开发范式适合复杂度较大、团队合作度较高的程序。

类 Web 开发范式采用经典的 HTML、CSS、JavaScript 三段式开发方式，使用 HTML 标签文件进行布局搭建，使用 CSS 文件进行样式描述，使用 JavaScript 文件进行逻辑处理。UI 组件与数据之间通过单向数据绑定的方式建立关联，当数据发生变化时，UI 界面自动触发刷新。该开发方式更接近 Web 前端开发者的使用习惯，便于快速将已有的 Web 应用改造成 ArkUI 应用。因此，类 Web 开发范式适合界面较简单的中小型应用和卡片。

本书示例推荐采用声明式开发范式。

3.2.2 声明式开发范式的基础能力

声明式开发范式的开发框架不仅从组件、动效和状态管理 3 个维度来提供 UI 能力，还提供了系统能力接口，以实现系统能力的极简调用。

声明式开发范式具备以下基础能力。

- 开箱即用的组件：框架提供丰富的系统预置组件，可以通过链式调用的方式设置系统组件的渲染效果。开发者可以组合系统组件为自定义组件，通过这种方式将页面组件化为一个个独立的 UI 单元，以实现页面不同单元的独立创建、开发和复用，使页面具有更强的工程性。
- 丰富的动效接口：提供 SVG 标准的绘制图形能力，同时开放了丰富的动效接口，开发者可以通过封装的物理模型或者调用动画能力接口来实现自定义动画轨迹。
- 状态数据管理：状态数据管理作为基于 ArkTS 的声明式开发范式的特色，通过功能不同的装饰器为开发者提供了清晰的页面更新渲染流程和管道。状态管理包括 UI 组件状态和应用程序状态，两者协作可以使开发者完整地构建整个应用的数据更新和 UI 渲染。
- 系统能力接口：ArkUI 还封装了丰富的系统能力接口，开发者可以通过简单的接口调用实现从 UI 设计到系统能力调用的极简开发。

3.2.3　声明式开发范式的整体架构

声明式开发范式的整体架构如图 3-3 所示。

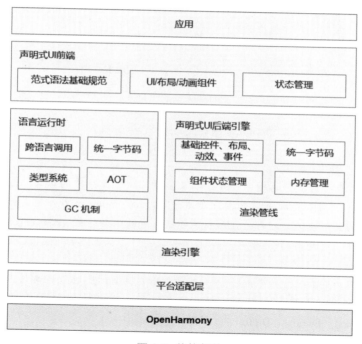

图 3-3　整体架构

详细说明如下。

- 声明式 UI 前端：提供了 UI 开发范式的基础语言规范，并提供内置的 UI 组件、布局和动画，还提供了多种状态管理机制，为应用开发者提供一系列接口支持。
- 语言运行时：选用方舟语言运行时，提供了针对 UI 范式语法的解析能力、跨语言调用支持的能力和 TS 语言高性能运行环境。
- 声明式 UI 后端引擎：后端引擎提供了兼容不同开发范式的 UI 渲染管线，提供多种基础组件、布局计算、动效、交互事件，提供了状态管理和绘制能力。
- 渲染引擎：提供了高效的绘制能力，将渲染管线收集的渲染指令绘制到屏幕上的能力。

- 平台适配层：提供了对系统平台的抽象接口，具备接入不同系统的能力，如系统渲染管线、生命周期调度等。

3.2.4 声明式开发范式的基本组成

声明式开发范式的基本组成如图 3-4 所示。

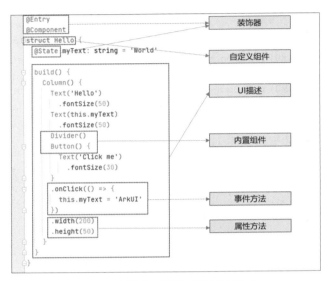

图 3-4 声明式开发范式的基本组成

详细说明如下。

- 装饰器：用来装饰类、结构体、方法以及变量，赋予其特殊的含义，图 3-4 中的 @Entry、@Component、@State 都是装饰器。具体而言，@Component 表示这是一个自定义组件；@Entry 表示这是一个入口组件；@State 表示组件中的状态变量，此状态变化会引起 UI 变更。
- 自定义组件：可复用的 UI 单元，可组合其他组件，如图 3-4 中被 @Component 装饰的 struct Hello。
- UI 描述：以声明式的方式来描述 UI 的结构，如上述 build() 方法内部的代码块。
- 内置组件：框架中默认内置的基础和布局组件，可直接被开发者调用，比如示例中的 Column、Text、Divider、Button。
- 事件方法：用于添加组件对事件的响应逻辑，统一通过事件方法进行设置，如跟随在 Button 后面的 onClick()。
- 属性方法：用于组件属性的配置，统一通过属性方法进行设置，如 fontSize()、width()、height()、color() 等，可通过链式调用的方式设置多项属性。

3.3 常用的组件

组件是构建页面的核心，每个组件通过对数据和方法的简单封装，实现独立的可视、可交互功能单元。组件之间相互独立，随取随用，也可以在需求相同的地方重复使用。

声明式开发范式目前包括如下组件。

- 基础组件：Blank、Button、Checkbox、CheckboxGroup、DataPanel、DatePicker、Divider、Gauge、Image、ImageAnimator、LoadingProgress、Marquee、Navigation、PatternLock、Progress、QRCode、Radio、Rating、RichText、ScrollBar、Search、Select、Slider、Span、Stepper、StepperItem、Text、TextArea、TextClock、TextInput、TextPicker、TextTimer、TimePicker、Toggle、Web、XComponent。
- 容器组件：AlphabetIndexer、Badge、Column、ColumnSplit、Counter、Flex、GridContainer、GridCol、GridRow、Grid、GridItem、List、ListItem、Navigator、Panel、Refresh、RelativeContainer、Row、RowSplit、Scroll、SideBarContainer、Stack、Swiper、Tabs、TabContent。
- 媒体组件：Video。
- 绘制组件：Circle、Ellipse、Line、Polyline、Polygon、Path、Rect、Shape。
- 画布组件：Canvas。

这些组件的详细用法可以查阅 API 文档。本书后续也会对常用的组件做进一步的使用介绍。

3.4 基础组件详解

声明式开发范式目前可供选择的基础组件有 Blank、Button、Checkbox、CheckboxGroup、DataPanel、DatePicker、Divider、Gauge、Image、ImageAnimator、LoadingProgress、Marquee、Navigation、PatternLock、Progress、QRCode、Radio、Rating、RichText、ScrollBar、Search、Select、Slider、Span、Stepper、StepperItem、Text、TextArea、TextClock、TextInput、TextPicker、TextTimer、TimePicker、Toggle、Web 等。

本节演示如何使用这些基础组件。相关示例可以在 ArkUIBasicComponents 应用中找到。

3.4.1 Blank

Blank 是空白填充组件，在容器主轴方向上，空白填充组件具有自动填充容器空余部分的能力。

需要注意的是，Blank 组件仅当其父组件为 Row/Column，且父组件设置了宽度才生效。以下示例展示 Blank 父组件 Row 未设置宽度以及设置了宽度的效果对比。

示例如下：

```
//Blank 父组件 Row 未设置宽度时，子组件间无空白填充
Row() {
    Text('Left Space').fontSize(24)
    Blank()
    Text('Right Space').fontSize(24)
}
```

```
//Blank 父组件 Row 设置了宽度时，子组件间以空白填充
Row() {
    Text('Left Space').fontSize(24)
    Blank()
    Text('Right Space').fontSize(24)
}.width('100%')
```

界面效果如图 3-5 所示，第一行 Row 由于未设置宽度，导致 Blank 未生效。

Blank 支持 color 属性，用来设置空白填充的填充颜色。示例如下：

```
Row() {
    Text('Left Space').fontSize(24)

    // 设置空白填充的填充颜色
    Blank().color(Color.Yellow)

    Text('Right Space').fontSize(24)
}.width('100%')
```

上述示例中，Blank 组件设置了黄色作为空白填充颜色，界面效果如图 3-6 所示。

图 3-5 Blank 组件效果

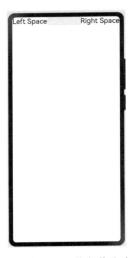

图 3-6 Blank 组件设置了黄色作为空白填充颜色

3.4.2 Button

Button 是按钮组件，可快速创建不同样式的按钮。以下是两个按钮示例：

```
// 一个基本的按钮，设置要显示的文字
Button('01')
```

```
// 设置边框的半径、背景色和宽度
Button('02').borderRadius(8).backgroundColor(0x317aff).width(90)
```

其中，第一个是一个基本的按钮，设置要显示的文字 01；第二个按钮则是设置边框的半径、背景色和宽度。两个按钮的界面效果如图 3-7 所示。

Button 组件支持通过 type 属性来设置按钮显示样式。示例如下：

```
// 胶囊型按钮（圆角默认为高度的一半）
Button('03', { type: ButtonType.Capsule }).width(90)

// 圆形按钮
Button('04', { type: ButtonType.Circle}).width(90)

// 普通按钮（默认不带圆角）
Button('05', { type: ButtonType.Normal}).width(90)
```

上述 3 个按钮的样式分别是 Capsule（胶囊型）、Circle（圆形）和 Normal（普通），界面效果如图 3-8 所示。

Button 组件支持包含子组件，示例如下：

```
// 可以包含子组件，但是文字就不会显示了
Button('06', { type: ButtonType.Normal }){
    LoadingProgress().width(20).height(20).color(0xFFFFFF)
}.width(90)

// 可以包含单个子组件，文字就用 Text 组件来显示
Button({ type: ButtonType.Capsule, stateEffect: true }) {
    Row() {
        LoadingProgress().width(20).height(20).margin({ left: 12 }).color(0xFFFFFF)
        Text('06').fontSize(12).fontColor(0xffffff).margin({ left: 5, right: 12 })
    }.alignItems(VerticalAlign.Center).width(90).height(40)
}.backgroundColor(0x317aff)
```

图 3-7 Button 组件效果

上述第一个按钮包括 LoadingProgress 组件。需要注意的是，包含子组件之后，原本按钮上的文字 06 就不会显示了。如果想显示文字，可以参考第二个按钮的设置方式，增加一个 Text 组件。界面效果如图 3-9 所示。

图 3-8 Button 组件显示样式效果

图 3-9 Button 组件包含子组件效果

3.4.3　Checkbox

Checkbox 是多选框组件，通常用于某选项的打开或关闭，示例如下：

```
// 设置多选框名称、多选框的群组名称
Checkbox({ name: 'checkbox1', group: 'checkboxGroup' })
    .select(true)  // 设置默认选中
    .selectedColor(0xed6f21)  // 设置选中颜色
    .onChange((value: boolean) => {  // 设置选中事件
        console.info('Checkbox1 change is ' + value)
    })

Checkbox({ name: 'checkbox2', group: 'checkboxGroup'
})
    .select(false)
    .selectedColor(0x39a2db)
    .onChange((value: boolean) => {
        console.info('Checkbox2 change is ' + value)
    })
```

Checkbox 在实例化时主要是设置多选框名称、多选框的群组名称，并支持通过 select、selectedColor 来设置是否选中、选中颜色等属性。

上述示例界面效果如图 3-10 所示。

图 3-10　Checkbox 组件效果

Checkbox 支持 onChange 事件，当 Checkbox 选中状态发生变化时，会触发该回调。当 value 为 true 时，表示已选中；当 value 为 false 时，表示未选中。

3.4.4　CheckboxGroup

CheckboxGroup 是多选框群组，用于控制多选框全选或者不全选状态，示例如下：

```
Row() {
CheckboxGroup({ group: 'checkboxGroup' })
Text(' 全要 ').fontSize(20)
}
Row() {
    Checkbox({ name: 'checkbox1', group: 'checkboxGroup' })
    Text(' 可乐 ').fontSize(20)
}
Row() {
    Checkbox({ name: 'checkbox2', group: 'checkboxGroup' })
    Text(' 鸡翅 ').fontSize(20)
}
```

checkbox1 和 checkbox2 属于同一个 checkboxGroup。当只选中组中的一个 Checkbox 组件时（不全选），界面效果如图 3-11 所示。

当 CheckboxGroup 组件全选时，界面效果如图 3-12 所示。

图 3-11 CheckboxGroup 组件不全选效果

图 3-12 CheckboxGroup 组件全选效果

3.4.5　DataPanel

DataPanel 是数据面板组件，用于将多个数据占比情况使用占比图进行展示。

DataPanel 主要支持两类数据面板：

- Line：线形数据面板。
- Circle：环形数据面板。

DataPanel 示例如下：

```
private dataPanelValues: number[] = [11, 3, 10, 2, 36, 4, 7, 22, 5]

build() {
    Column() {
        // 环形数据面板
        DataPanel({ values: this.dataPanelValues, max:
100, type: DataPanelType.Circle }).width(350).height(350)
        // 线形数据面板
        DataPanel({ values: this.dataPanelValues, max:
100, type: DataPanelType.Line }).width(350).height(50)
    }
    .height('100%')
}
```

上述示例中，DataPanel 主要有 3 个参数，其中 values 是数据值列表，最大支持 9 个数据；max 表示数据的最大值；type 就是类型。界面效果如图 3-13 所示。

图 3-13 DataPanel 组件效果

3.4.6 DatePicker

DatePicker 是选择日期的滑动选择器组件。以下是一个 DatePicker 的基本示例：

```
DatePicker({
    start: new Date('1970-1-1'), // 指定选择器的起始日期。 默认值为 Date('1970-1-1')
    end: new Date('2100-1-1'),    // 指定选择器的结束日期。 默认值为 Date('2100-12-31')
    selected: new Date('2023-02-14'), // 设置选中项的日期。默认值为当前系统日期
})
```

上述示例中，DatePicker 主要有 3 个参数，其中 start 用于指定选择器的起始日期，end 用于指定选择器的结束日期，selected 用于设置选中项的日期。如果 3 个参数都不设置，就使用默认值。

上述示例中，DatePicker 界面效果如图 3-14 所示。

DatePicker 支持农历。可以通过设置 lunar 属性来设置日期是否显示农历。其中：

- true：展示农历。
- false：不展示农历。默认值为 false。

DatePicker 在选择日期时会触发 onChange 事件，以下是示例：

```
DatePicker({
    start: new Date('1970-1-1'), // 指定选择器的起始日期。 默认值为 Date('1970-1-1')
    end: new Date('2100-1-1'), // 指定选择器的结束日期。 默认值为 Date('2100-12-31')
    selected: new Date('2023-02-15'), // 设置选中项的日期。默认值为当前系统日期
    }).lunar(true)                       // 设置农历
    .onChange((value: DatePickerResult) => {          // 选择日期时触发该事件
        console.info('select current date is: ' + JSON.stringify(value))
    })
```

上述示例中，DatePicker 设置了农历，同时监听 onChange 事件。上述示例中，DatePicker 界面效果如图 3-15 所示。

图 3-14 DatePicker 组件效果 1

图 3-15 DatePicker 组件效果 2

3.4.7　Divider

Divider 是分隔器组件，用于分隔不同内容块 / 内容元素。以下是示例：

```
Text(' 我是天 ').fontSize(29)
Divider()
Text(' 我是地 ').fontSize(29)
```

上述示例中，Divider 在两个 Text 组件之间形成了一条水平分隔线，界面效果如图 3-16 所示。

默认情况下，Divider 是水平的，但也可以通过 vertical 属性来设置为垂直。以下是示例：

```
Text(' 我是天 ').fontSize(29)
// 设置垂直
Divider().vertical(true).height(100)
Text(' 我是地 ').fontSize(29)
```

上述示例中，Divider 在两个 Text 组件之间形成了一条垂直分隔线，界面效果如图 3-17 所示。

Divider 还可以通过以下属性来设置样式。

- color：分隔线颜色。
- strokeWidth：分隔线宽度。默认值为 1。
- lineCap：分隔线的端点样式。默认值为 LineCapStyle.Butt。

以下是设置了样式的 Divider 示例：

```
Text(' 我是天 ').fontSize(29)
// 设置样式
Divider()
    .strokeWidth(15)    // 宽度
    .color(0x2788D9)    // 颜色
    .lineCap(LineCapStyle.Round)    // 端点样式
Text(' 我是地 ').fontSize(29)
```

上述示例中，界面效果如图 3-18 所示。

图 3-16　Divider 组件水平效果

图 3-17　Divider 组件垂直效果

图 3-18　Divider 组件样式效果

3.4.8 Gauge

Gauge 是一种数据量规图表组件，用于将数据展示为环形图表。以下是 Gauge 示例：

```
//value 值的设置，使用默认的 min 和 max 为 0 和 100，角度范围默认为 0 ～ 360
// 参数中设置当前值为 75
Gauge({ value: 75 })
    .width(200).height(200)
    // 设置量规图的颜色，支持分段颜色设置
    .colors([[0x317AF7, 1], [0x5BA854, 1], [0xE08C3A, 1], [0x9C554B, 1]])
```

上述示例中，colors 是一个颜色数组，表示该量规图由 4 段颜色组成。参数 value 是量规图的当前数据值，即图中指针指向的位置。界面效果如图 3-19 所示。

上述 value 值也可以在属性中进行设置。如果属性和参数都设置，以参数为准。以下是 Gauge 示例：

```
// 参数设置当前值为 75，属性设置值为 25，属性设置优先级高
Gauge({ value: 75 })
    .value(25)  // 属性和参数都设置时以属性为准
    .width(200).height(200)
    .colors([[0x317AF7, 1], [0x5BA854, 1], [0xE08C3A, 1], [0x9C554B, 1]])
```

上述示例中，参数设置当前值为 75，属性设置值为 25，属性设置优先级高，因此 Gauge 的最终 value 是 25。界面效果如图 3-20 所示。

Gauge 组件还有其他的一些属性设置，分别说明如下。

- startAngle：设置起始角度位置，时钟 0 点为 0 度，顺时针方向为正角度。默认值为 0。
- endAngle：设置终止角度位置，时钟 0 点为 0 度，顺时针方向为正角度。默认值为 360。
- strokeWidth：设置环形量规图的环形厚度。

以下是一个设置了 210 ～ 150 度、厚度为 20 的 Gauge 示例：

```
//210 ～ 150 度环形图表
Gauge({ value: 70})
    .startAngle(210)              // 起始角度
    .endAngle(150)                // 终止角度
    .colors([[0x317AF7, 0.1], [0x5BA854, 0.2], [0xE08C3A, 0.3], [0x9C554B, 0.4]])
    .strokeWidth(20)              // 环形厚度
    .width(200)
    .height(200)
```

上述示例中，界面效果如图 3-21 所示。

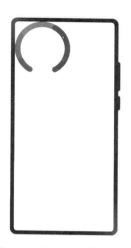

图 3-19　Gauge 组件效果　　　图 3-20　Gauge 组件属性和　　　图 3-21　Gauge 组件设置了
　　　　　　　　　　　　　　　　参数都设置的效果　　　　　　　　角度和厚度的效果

3.4.9　Image

Image 是图片组件，支持本地图片和网络图片的渲染展示。

以下是 Image 组件使用本地图片的示例：

```
// 使用本地图片的示例
// 图片资源在 base/media 目录下
Image($r('app.media.waylau_181_181'))
    .width(180).height(180)
```

上述示例中，图片资源 waylau_181_181.jpg 放置在了
base/media 目录下。界面效果如图 3-22 所示。

以下展示 Image 采用网络图片的过程。

首先，在 module.json5 文件中声明使用网络的权限 ohos.
permission.INTERNET，示例如下：

图 3-22　Image 组件使用
本地图片的效果

```
{
  "module": {
    ...
    "requestPermissions": [
      {
        "name": "ohos.permission.INTERNET"
      }
    ]
  }
}
```

其次，编写请求网络图片，方法如下：

```
//HTTP 请求网络图片需要导入的包
import http from '@ohos.net.http';
import imageModule from '@ohos.multimedia.image'
```

```
@Entry
@Component
struct Index {

   // 先创建一个 PixelMap 状态变量用于接收网络图片
   @State imagePixelMap: PixelMap = undefined

// 网络图片请求方法
   private httpRequest() {
      let httpRequest = http.createHttp();

      httpRequest.request(
         "https://waylau.com/images/showmethemoney-sm.jpg",    // 网络图片地址
         (error, data) => {
            if(error) {
               console.log("error code: " + error.code + ", msg: " + error.message)
            } else {
               let code = data.responseCode
               if(http.ResponseCode.OK == code) {
                  //@ts-ignore
                  let imageSource = imageModule.createImageSource(data.result)
                  let options = {alphaType: 0,            // 透明度
                     editable: false,                     // 是否可编辑
                     pixelFormat: 3,                      // 像素格式
                     scaleMode: 1,                        // 缩略值
                     size: {height: 281, width: 207}}     // 创建图片大小
                  imageSource.createPixelMap(options).then((pixelMap) => {
                     this.imagePixelMap = pixelMap
                  })
               } else {
                  console.log("response code: " + code);
               }
            }
         }
      )
   }

   ...
}
```

上述 httpRequest 方法需要导入 http 和 image 包。请求到网络图片资源后，会转为一个 PixelMap 对象 imagePixelMap。

最后，将 imagePixelMap 复制到 Image 组件中即可，代码如下：

```
// 使用网络图片的示例
Button(" 获取网络图片 ")
    .onClick(() => {
        // 请求网络资源
        this.httpRequest();
    })
Image(this.imagePixelMap).width(207).height(281)
```

上述示例中，通过 Button 来单击触发 httpRequest 方法。界面效果如图 3-23 所示。

3.4.10　ImageAnimator

ImageAnimator 提供帧动画组件来实现逐帧播放图片的能力，可以配置需要播放的图片列表，每幅图片可以配置时长。示例代码如下：

```
// 按钮控制动画的播放和暂停
Button(' 播放 ').width(100).padding(5).onClick(() => {
  this.animationStatus = AnimationStatus.Running
}).margin(5)
Button(' 暂停 ').width(100).padding(5).onClick(() => {
  this.animationStatus = AnimationStatus.Paused
}).margin(5)
```

//images 设置图片帧信息集合
// 每一帧的帧信息（ImageFrameInfo）包含图片路径、图片大小、图片位置和图片播放时长信息

```
ImageAnimator()
  .images([
    {
      src: $r('app.media.book01'),   // 图片路径
      duration: 500,                 // 播放时长
      width: 240,                    // 图片大小
      height: 350,
      top: 0,                        // 图片位置
      left: 0
    },
    {
      src: $r('app.media.book02'),
      duration: 500,
      width: 240,
      height: 350,
      top: 0,
      left: 170
    },
    {
      src: $r('app.media.book03'),
      duration: 500,
      width: 240,
      height: 350,
      top: 120,
      left: 170
    },
    {
      src: $r('app.media.book04'),
      duration: 500,
      width: 240,
      height: 350,
      top: 120,
```

图 3-23　Image 组件使用网络图片的效果

```
        left: 0
    }
])
.state(this.animationStatus)
.reverse(false)               // 是否逆序播放
.fixedSize(false)             // 是否固定大小
.preDecode(2)                 // 是否启用预解码
.iterations(-1)               // 循环播放次数
.width(240)
.height(350)
.margin({ top: 100 })
```

上述示例中，通过 Button 来单击触发播放或者暂停方法。界面效果如图 3-24～图 3-27 所示。

图 3-24 ImageAnimator 播放第 1 帧图的效果

图 3-25 ImageAnimator 播放第 2 帧图的效果

图 3-26 ImageAnimator 播放第 3 帧图的效果

图 3-27 ImageAnimator 播放第 4 帧图的效果

3.4.11　LoadingProgress

LoadingProgress 是用于显示加载动效的组件。示例代码如下：

```
// 显示加载动效
LoadingProgress()
  .color(Color.Red)  // 设置为红色
```

上述示例中，通过 color 来设置 LoadingProgress 的颜色为红色。界面效果如图 3-28 所示。

3.4.12　Marquee

Marquee 是跑马灯组件，用于滚动展示一段单行文本，仅当文本内容宽度超过跑马灯组件宽度时滚动。示例代码如下：

图 3-28　LoadingProgress 组件效果

```
// 文本内容宽度未超过跑马灯组件宽度，不滚动
Marquee({
  start: true,          // 控制跑马灯是否进入播放状态
  step: 12,             // 滚动动画文本的滚动步长。默认值为 6，单位为 vp
  loop: -1,             // 循环次数，-1 为无限循环
  fromStart: true,      // 设置文本从头开始滚动或反向滚动
  src: "HarmonyOS 也称为鸿蒙系统 "
}).fontSize(20)

// 文本内容宽度超过了跑马灯组件宽度，滚动
Marquee({
  start: true,          // 控制跑马灯是否进入播放状态
  step: 12,             // 滚动动画文本的滚动步长。默认值为 6，单位为 vp
  loop: -1,             // 循环次数，-1 为无限循环
  fromStart: true,      // 设置文本从头开始滚动或反向滚动
  src: " 在传统的单设备系统能力基础上，HarmonyOS 提出了基
于同一套系统能力、适配多种终端形态的分布式理念。"
}).fontSize(20)
```

上述示例中，第 1 个 Marquee 的文本内容宽度未超过跑马灯组件宽度，因此不滚动；第 2 个 Marquee 的文本内容宽度超过了跑马灯组件宽度，因此会滚动。界面效果如图 3-29 所示。

3.4.13　Navigation

Navigation 组件一般作为 Page 页面的根容器，通过属性设置来展示页面的标题、工具栏、菜单。示例代码如下：

图 3-29　Marquee 组件效果

```
// 自定义一个 Toolbar 组件
@Builder NavigationToolbar() {
  Row() {
      Text(" 首页 ").fontSize(25).margin({ left: 70 })
      Text("+").fontSize(25).margin({ left: 70 })
      Text(" 我 ").fontSize(25).margin({ left: 70 })
  }
}

//Navigation 使用自定义的 NavigationToolbar 组件
Navigation() {
    Flex() {
    }
}
.toolBar(this.NavigationToolbar) // 自定义一个 Toolbar 组件
```

上述示例中，通过 @Builder 来构造一个名为 NavigationToolbar 的 Toolbar 组件，而后在 Navigation 的属性 toolBar 中设置该 Toolbar 组件，界面效果如图 3-30 所示。

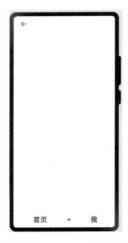

图 3-30 Navigation 组件效果

3.4.14 PatternLock

PatternLock 是图案密码锁组件，以九宫格图案的方式输入密码，用于密码验证场景。手指在 PatternLock 组件区域按下时开始进入输入状态，手指离开屏幕时结束输入状态完成密码输入。

```
PatternLock()
  .sideLength(200)              // 设置组件的宽度和高度（宽高相同）
  .circleRadius(9)              // 设置宫格中圆点的半径
  .pathStrokeWidth(18)          // 设置连线的宽度。设置为 0 或负数等非法值时连线不显示
  .activeColor('#B0C4DE')       // 设置宫格圆点在 "激活" 状态的填充颜色
  .selectedColor('#228B22')     // 设置宫格圆点在 "选中" 状态的填充颜色
  .pathColor('#90EE90')         // 设置连线的颜色
  .backgroundColor('#F5F5F5')   // 背景颜色
  .autoReset(true)              // 设置在完成密码输入后，再次在组件区域按下时是否重置组件状态
```

上述示例中，通过 sideLength、circleRadius 等属性来设置 PatternLock 的样式。初始状态界面效果如图 3-31 所示。

输入密码后界面效果如图 3-32 所示。

图 3-31　PatternLock 组件初始状态效果

图 3-32　PatternLock 组件输入密码后效果

3.4.15　Progress

Progress 进度条组件用于显示内容加载或操作处理等进度。

Progress 主要有以下参数。

- value：指定当前进度值。
- total：指定进度总长。
- type：指定进度条类型 ProgressType。

其中，ProgressType 主要有以下 5 种。

- Linear：线性样式。
- Ring：环形无刻度样式，环形圆环逐渐显示至完全填充效果。
- Eclipse：圆形样式，显示类似于月圆月缺的进度展示效果，从月牙逐渐变化至满月。
- ScaleRing：环形有刻度样式，显示类似时钟刻度形式的进度展示效果。
- Capsule：胶囊样式，头尾两端圆弧处的进度展示效果与 Eclipse 相同，中段处的进度展示效果与 Linear 相同。

以下是 5 种 ProgressType 的具体示例：

```
Progress({ value: 20, total: 100, type: ProgressType.Linear }).width(150).
margin({ top: 10 })
    Progress({ value: 20, total: 100, type: ProgressType.Ring }).width(150).
margin({ top: 10 })
    Progress({ value: 20, total: 100, type: ProgressType.Eclipse }).width(150).
margin({ top: 10 })
```

```
    Progress({ value: 20, total: 100, type: ProgressType.
ScaleRing }).width(150).margin({ top: 10 })
    Progress({ value: 20, total: 100, type: ProgressType.
Capsule }).width(40).margin({ top: 10 })
```

上述示例中，界面效果如图 3-33 所示。

3.4.16 QRCode

QRCode 是用于显示单个二维码的组件。以下是赋了黄码的
具体示例：

```
QRCode("https://waylau.comn")
  .width(360).height(360)              // 大小
  .backgroundColor(Color.Orange)       // 颜色
```

上 述 示 例 中， QRCode 会 自 动 将 URL 链 接 https://waylau.
comn 转为二维码的图片，并且根据 backgroundColor 将二维码设
置为黄码。界面效果如图 3-34 所示。

图 3-33 Progress 组件效果

3.4.17 Radio

Radio 是单选框，提供相应的用户交互选择项。当前单选框
所属的群组名称，相同 group 的 Radio 只能有一个被选中。

以下是一组 Radio 的具体示例：

```
Radio({ value: 'Radio1', group: 'radioGroup' })
  .checked(false) // 默认不选中
  .height(50)
  .width(50)
Radio({ value: 'Radio2', group: 'radioGroup' })
  .checked(true) // 默认选中
  .height(50)
  .width(50)
Radio({ value: 'Radio2', group: 'radioGroup' })
  .checked(false) // 默认不选中
  .height(50)
  .width(50)
```

图 3-34 QRCode 组件效果

上述示例中，checked 属性用来配置 Radio 是否会被默认选中。
界面效果如图 3-35 所示。

3.4.18 Rating

Rating 是提供在给定范围内选择评分的组件。

以下是一组 Rating 的具体示例：

```
// 设置初始星数为 1，可以操作
Rating({ rating: 1, indicator: false })
```

图 3-35 Radio 组件效果

```
  .stars(5)                // 设置评星总数。默认值为 5
  .stepSize(0.5)           // 操作评级的步长。默认值为 0.5
  .onChange((value: number) => {
    ...
  })
```

上述示例中，Rating 构造函数接收两个参数：rating 是初始星数；indicator 指示是否仅作为指示器使用，不可操作。属性有 stars、stepSize 等，还可以通过 onChange 来监听 Rating 选择的星数。界面效果如图 3-36 所示。

3.4.19　RichText

RichText 是富文本组件，可以解析并显示 HTML 格式文本。示例如下：

图 3-36　Rating 组件效果

```
RichText('<h1 style="text-align: center;">h1 标题 </h1>' +
  '<h1 style="text-align: center;"><i>h1 斜体 </i></h1>' +
  '<h1 style="text-align: center;"><u>h1 下画线 </u></h1>' +
  '<h2 style="text-align: center;">h2 标题 </h2>' +
  '<h3 style="text-align: center;">h3 标题 </h3>' +
  '<p style="text-align: center;">p 常规 </p><hr/>' +
  '<div style="width: 500px;height: 500px;border: 1px solid;margin: 0auto;">' +
  '<p style="font-size: 35px;text-align: center;font-weight: bold; color:
rgb(24,78,228)">字体大小 35px, 行高 45px</p>' +
  '<p style="background-color: #e5e5e5;line-height: 45px;font-size: 35px;text-
indent: 2em;">' +
```

'<p> 这是一段文字这是一段文字这是一段文字这是一段文字这是一段文字这是一段文字这是一段文字这是一段文字 </p>')

上述示例中，界面效果如图 3-37 所示。

注意：示例效果请以真机或者虚拟机运行为准，当前IDE预览器不支持RichText的显示。

3.4.20　ScrollBar

滚动条组件 ScrollBar 用于配合可滚动组件使用，如 List、Grid、Scroll 等。

图 3-37　RichText 组件效果

ScrollBar 实例化构造函数为 ScrollBar(value: { scroller: Scroller, direction?: ScrollBarDirection, state?: BarState })，这些参数说明如下。

- Scroller：可滚动组件的控制器，用于与可滚动组件进行绑定。
- ScrollBarDirection：滚动条的方向，控制可滚动组件对应方向的滚动。默认值是 ScrollBarDirection.Vertical。
- BarState：滚动条状态。默认值是 BarState.Auto。

ScrollBar 示例如下:

```
// 可滚动组件的控制器
private scroller: Scroller = new Scroller()

private dataScroller: number[] = [0, 1, 2, 3, 4, 5, 6, 7, 8, 9]

Stack({ alignContent: Alignment.End }) {
  // 定义了可滚动组件 Scroll
  Scroll(this.scroller) {
    Flex({ direction: FlexDirection.Column }) {
      ForEach(this.arr, (item) => {
        Row() {
          Text(item.toString())
            .width('90%')
            .height(100)
            .backgroundColor('#3366CC')
            .borderRadius(15)
            .fontSize(16)
            .textAlign(TextAlign.Center)
            .margin({ top: 5 })
        }
      }, item => item)
    }.margin({ left: 52 })
  }
  .scrollBar(BarState.Off)
  .scrollable(ScrollDirection.Vertical)
  // 定义了滚动条组件 ScrollBar
  ScrollBar({ scroller: this.scroller, direction: ScrollBarDirection.Vertical,
state: BarState.Auto }) {
    // 定义 Text 作为滚动条的样式
    Text()
      .width(30)
      .height(100)
      .borderRadius(10)
      .backgroundColor('#C0C0C0')
  }.width(30).backgroundColor('#ededed')
}
```

上述示例中,定义了可滚动组件 Scroll 及滚动条组件 ScrollBar。在 ScrollBar 子组件中定义 Text 作为滚动条的样式。可滚动组件 Scroll 及滚动条组件 ScrollBar 通过 Scroller 进行绑定,且只有当两者方向相同时,才能联动,ScrollBar 与可滚动组件 Scroll 仅支持一对一绑定。

上述示例界面效果如图 3-38 所示。

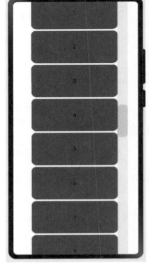

图 3-38 ScrollBar 组件效果

3.4.21 Search

Search 是搜索框组件，适用于浏览器的搜索内容输入框等应用场景。

Search 示例如下：

```
Search({ placeholder: '输入内容 ...'})
  .searchButton(' 搜索 ')                          // 搜索按钮的文字
  .width(300)
  .height(80)
  .placeholderColor(Color.Grey)                   // 提示文本样式
  .placeholderFont({ size: 24, weight: 400 })     // 提示文本字体大小
  .textFont({ size: 24, weight: 400 })            // 搜索框文字字体大小
```

上述示例中，定义了 Search 组件以及搜索按钮的文字、提示文本样式、字体大小等。界面效果如图 3-39 所示。

Search 组件还支持以下事件。

- onSubmit(callback: (value: string) => void)：单击搜索图标、搜索按钮或者按下软键盘搜索按钮时触发该回调。
- onChange(callback: (value: string) => void)：输入内容发生变化时，触发该回调。

上述事件中，value 是指当前搜索框中输入的文本内容。

3.4.22 Select

Select 提供下拉选择菜单，可以让用户在多个选项之间选择。

Select 示例如下：

```
// 设置下拉列表值和图标
Select([{ value: 'Java 核心编程 ', icon: $r('app.media.book01') },
  { value: ' 轻量级 Java EE 企业应用开发实战 ', icon: $r('app.media.book02') },
  { value: ' 鸿蒙 HarmonyOS 手机应用开发实战 ', icon: $r('app.media.book03') },
  { value: 'Node.js+Express+MongoDB+Vue.js 全栈开发实战 ', icon: $r('app.media.
book04') }])
  .selected(2)                                     // 选中的下拉列表索引
  .value(' 老卫作品集 ')                            // 下拉按钮本身的文本内容
  .font({ size: 16, weight: 500 })                 // 下拉按钮本身的文本样式
  .fontColor('#182431')                            // 下拉按钮本身的文本颜色
  .selectedOptionFont({ size: 16, weight: 400 })   // 下拉菜单选中项的文本样式
  .optionFont({ size: 16, weight: 400 })           // 下拉菜单项的文本样式
```

图 3-39 Search 组件效果

上述示例中定义了 Select 组件，构造函数是一个 SelectOption 数组。SelectOption 分为 value 及 icon 属性，分别用来定义下拉框的文字及图标。

Select 组件还可以设置默认选中的下拉列表索引、下拉按钮本身的文本内容、下拉按钮本身的文本样式、下拉按钮本身的文本颜色、下拉菜单选中项的文本样式、下拉菜单项的文本样式等。上述示例界面效果如图 3-40 所示。

Search 还支持事件 onSelect(callback: (index: number, value?: string) => void)。其中 index 是选中项的索引，value 是选中项的值。

3.4.23 Slider

Slider 是滑动条组件，通常用于快速调节设置值，如音量调节、亮度调节等应用场景。

Slider 示例如下：

```
// 设置垂直的 Slider
Slider({
  value: 40,
  step: 10,
  style: SliderStyle.InSet,      // 滑块在滑轨上
  direction: Axis.Vertical       // 方向
})
  .showSteps(true)               // 设置显示步长刻度值
  .height('50%')

// 设置水平的 Slider
Slider({
  value: 40,
  min: 0,
  max: 100,
  style: SliderStyle.OutSet      // 滑块在滑轨内
})
  .blockColor('#191970')         // 设置滑块的颜色
  .trackColor('#ADD8E6')         // 设置滑轨的背景颜色
  .selectedColor('#4169E1')      // 设置滑轨的已滑动部分颜色
  .showTips(true)                // 设置气泡提示
  .width('50%')
```

图 3-40 Select 组件效果

上述示例中定义了两个 Slider 组件，一个是垂直的，另一个是水平的，是由 direction 参数决定的。参数 style 用来设置滑块是否在滑轨内。

Slider 组件还包括以下属性。

- blockColor：设置滑块的颜色。
- trackColor：设置滑轨的背景颜色。
- selectedColor：设置滑轨的已滑动部分的颜色。
- showSteps：设置当前是否显示步长刻度值。
- showTips：设置滑动时是否显示百分比气泡提示。
- trackThickness：设置滑轨的粗细。

上述示例界面效果如图 3-41 所示。

图 3-41 Slider 组件效果

3.4.24　Span

Span 作为 Text 组件的子组件，用于显示行内文本。

Span 组件主要包括以下属性。

- decoration：设置文本装饰线样式及其颜色。
- letterSpacing：设置文本字符间距。取值小于 0，字符聚集重叠，取值大于 0 且随着数值变大，字符间距越来越大，分布越稀疏。
- textCase：设置文本大小写。

Span 示例如下：

```
// 文本添加横线
Text() {
    Span('文本添加横线 ').decoration({ type: TextDecorationType.Underline, color:
Color.Red }).fontSize(24)
}
// 文本添加划掉线
Text() {
    Span('文本添加划掉线 ')
      .decoration({ type: TextDecorationType.LineThrough, color: Color.Red })
      .fontSize(24)
}
// 文本添加上画线
Text() {
    Span('文本添加上画线 ').decoration({ type: TextDecorationType.Overline, color:
Color.Red }).fontSize(24)
}
// 文本字符间距
Text() {
    Span('文本字符间距 ')
      .letterSpacing(10)
      .fontSize(24)
}
// 文本转化为小写 LowerCase
Text() {
    Span('文本转化为小写 LowerCase').fontSize(24)
      .textCase(TextCase.LowerCase)
      .decoration({ type: TextDecorationType.None })
}
// 文本转化为大写 UpperCase
Text() {
    Span('文本转化为小写 UpperCase').fontSize(24)
      .textCase(TextCase.UpperCase)
      .decoration({ type: TextDecorationType.None })
}
```

上述示例界面效果如图 3-42 所示。

图 3-42　Span 组件效果

3.4.25 Stepper 与 StepperItem

Stepper 是步骤导航器组件，适用于引导用户按照步骤完成任务的导航场景。而 StepperItem 是 Stepper 组件的页面子组件。

Stepper 与 StepperItem 示例如下：

```
Stepper({
  // 设置 Stepper 当前显示 StepperItem 的索引值
  index: 0
}) {
  // 第 1 页
  StepperItem() {
    Text('第 1 页').fontSize(34)
  }
  .nextLabel('下一页')

  // 第 2 页
  StepperItem() {
    Text('第 2 页').fontSize(34)
  }
  .nextLabel('下一页')
  .prevLabel('上一页')

  // 第 3 页
  StepperItem() {
    Text('第 3 页').fontSize(34)
  }
  .prevLabel('上一页')
```

上述示例设置 Stepper 当前显示 StepperItem 的索引值为 0，即显示第 1 页的内容。后续定义了 3 个 StepperItem 页面。

上述示例第 1 页效果如图 3-43 所示。

单击"下一页"按钮会切换到第 2 页，效果如图 3-44 所示。

继续单击"下一页"按钮会切换到第 3 页，效果如图 3-45 所示。

图 3-43 Stepper 组件第 1 页效果　图 3-44 Stepper 组件第 2 页效果　图 3-45 Stepper 组件第 3 页效果

3.4.26　Text

Text 是显示一段文本的组件，可以包含 Span 子组件。

Text 组件包含以下属性。

- textAlign：设置文本在水平方向的对齐方式。
- textOverflow：设置文本超长时的显示方式。默认值是 TextOverflow.Clip。
- maxLines：设置文本的最大行数。默认值是 Infinity。
- lineHeight：设置文本的行高，设置值不大于 0 时，不限制文本行高，自适应字体大小，Length 为 number 类型时单位为 fp。
- decoration：设置文本装饰线样式及其颜色。
- baselineOffset：设置文本基线的偏移量，默认值为 0。
- letterSpacing：设置文本字符间距。
- minFontSize：设置文本最小显示字号。需要配合 maxFontSize、maxline 或布局大小限制使用，单独设置不生效。
- maxFontSize：设置文本最大显示字号。需要配合 minFontSize、maxline 或布局大小限制使用，单独设置不生效。
- textCase：设置文本大小写。默认值是 TextCase.Normal。
- copyOption：组件支持设置文本是否可复制和粘贴。默认值是 CopyOptions.None。

Text 示例如下：

```
// 单行文本
// 红色单行文本居中
Text(' 红色单行文本居中 ').fontSize(24)
  .fontColor(Color.Red)                        // 红色
  .textAlign(TextAlign.Center)                 // 居中
  .width('100%')

// 单行文本对齐左侧
Text(' 单行文本对齐左侧 ').fontSize(24)
  .textAlign(TextAlign.Start)                  // 对齐左侧
  .width('100%')

// 单行文本带边框对齐右侧
Text(' 单行文本带边框对齐右侧 ')
  .fontSize(24)
  .textAlign(TextAlign.End)                    // 对齐右侧
  .border({ width: 1 })                        // 边宽
  .padding(10)
  .width('100%')

// 多行文本
// 超出 maxLines 截断内容展示
Text(' 寒雨连江夜入吴，平明送客楚山孤。洛阳亲友如相问，一片冰心在玉壶。')
  .textOverflow({ overflow: TextOverflow.None })   // 超出截断内容
  .maxLines(2)                                      // 最多显示 2 行
  .fontSize(24)
  .border({ width: 1 })
```

```
        .padding(10)
// 超出 maxLines 展示省略号
Text('寒雨连江夜入吴，平明送客楚山孤。洛阳亲友如相问，一片冰心在玉壶。')
    .textOverflow({ overflow: TextOverflow.Ellipsis })    // 超出展示省略号
    .maxLines(2)
    .fontSize(24)
    .border({ width: 1 })
    .padding(10)

Text('寒雨连江夜入吴，平明送客楚山孤。洛阳亲友如相问，一片冰心在玉壶。')
    .textOverflow({ overflow: TextOverflow.Ellipsis })    // 超出展示省略号
    .maxLines(2)
    .fontSize(24)
    .border({ width: 1 })
    .padding(10)
    .lineHeight(50)                              // 设置文本的行高
```

上述示例界面效果如图 3-46 所示。

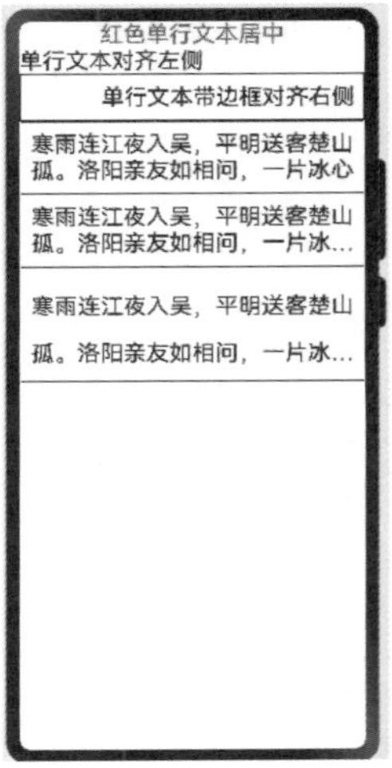

3.4.27 TextArea

TextArea 是多行文本输入框组件，当输入的文本内容超过组件宽度时会自动换行显示。

TextArea 组件支持以下属性：

* placeholderColor：设置 placeholder 文本颜色。
* placeholderFont：设置 placeholder 文本样式。
* textAlign：设置文本在输入框中的水平对齐式。
* caretColor：设置输入框光标颜色。
* inputFilter：通过正则表达式设置输入过滤器。匹配表达式的输入允许显示，不匹配的输入将被过滤。仅支持单个字符匹配，不支持字符串匹配。
* copyOption：设置输入的文本是否可复制。

图 3-46 Text 组件效果

Text 示例如下：

```
TextArea({
    // 设置无输入时的提示文本
    placeholder: '寒雨连江夜入吴，平明送客楚山孤。洛阳亲友如相问，
一片冰心在玉壶。'
})
    .placeholderFont({ size: 24, weight: 400 })   // 设置
placeholder 文本样式
    .width(336)
    .height(100)
    .margin(20)
    .fontSize(16)
    .fontColor('#182431')
    .backgroundColor('#FFFFFF')
```

上述示例界面效果如图 3-47 所示。

图 3-47 TextArea 组件效果

3.4.28 TextClock

TextClock 组件通过文本将当前系统时间显示在设备上，支持不同时区的时间显示，最高精确到秒级。

TextClock 示例如下：

```
// 普通的 TextClock 示例
TextClock().margin(20).fontSize(30)

// 带日期格式化的 TextClock 示例
TextClock().margin(20).fontSize(30)
  .format('yyyyMMdd hh:mm:ss') // 日期格式化
```

其中，可以通过 format 属性设置显示时间格式。

上述示例界面效果如图 3-48 所示。

图 3-48 TextClock 组件效果

3.4.29 TextInput

TextInput 是单行文本输入框组件。

TextInput 示例如下：

```
// 文本输入框
TextInput({ placeholder: '请输入 ...'})        // 设置无输入时的提示文本
  .placeholderColor(Color.Grey)               // 设置 placeholder 文本颜色
  .placeholderFont({ size: 14, weight: 400 }) // 设置 placeholder 文本样式
  .caretColor(Color.Blue)                     // 设置输入框光标颜色
  .width(300)
  .height(40)
  .margin(20)
  .fontSize(24)
  .fontColor(Color.Black)

// 密码输入框
TextInput({ placeholder: '请输入密码 ...' })
  .width(300)
  .height(40)
  .margin(20)
  .fontSize(24)
  .type(InputType.Password)    // 密码类型
  .maxLength(9)                // 设置文本的最大输入字符数
  .showPasswordIcon(true)      // 输入框末尾的图标显示
```

TextInput 常见的属性说明如下。

- type：设置输入框类型。默认值是 InputType.Normal。
- placeholderColor：设置 placeholder 文本颜色。
- placeholderFont：设置 placeholder 文本样式。

- enterKeyType：设置输入法回车键类型，目前仅支持默认类型显示。
- caretColor：设置输入框光标颜色。
- maxLength：设置文本的最大输入字符数。
- showPasswordIcon：在密码输入模式，输入框末尾的图标是否显示。默认值是 true。

上述示例界面效果如图 3-49 所示。

3.4.30 TextPicker

TextPicker 是滑动选择文本内容的组件。

TextPicker 示例如下：

```
// 文本输入框
TextPicker({
    // 选择器的数据选择列表
    range: ['Java 核心编程', '轻量级 Java EE 企业应
用开发实战', '鸿蒙 HarmonyOS 手机应用开发实战', 'Node.
js+Express+MongoDB+Vue.js 全栈开发实战'],
    // 设置默认选中项在数组中的索引值。默认值是 0
    selected: 1
}).defaultPickerItemHeight(30)// 设置 Picker 各选择项的高度
```

图 3-49 TextInput 组件效果

从上述示例看出，参数 range 用于设置选择器的数据选择列表，selected 用于设置默认选中项在数组中的索引值。defaultPickerItemHeight 属性用于设置 Picker 各选择项的高度。

上述示例界面效果如图 3-50 所示。

3.4.31 TextTimer

TextTimer 是通过文本显示计时信息并控制其计时器状态的组件。TextTimer 组件支持绑定一个控制器 TextTimerController 用来控制文本计时器。

图 3-50 TextPicker 组件效果

TextTimer 示例如下：

```
//TextTimer 组件的控制器
private textTimerController: TextTimerController = new TextTimerController()

// 定义 TextTimer 组件
TextTimer({ controller: this.textTimerController,
    isCountDown: true,           // 是否倒计时。默认值为 false
    count: 30000 })              // 倒计时时间，单位为毫秒
    .format('mm:ss.SS')          // 格式化
    .fontColor(Color.Black)      // 字体颜色
    .fontSize(50)                // 字体大小
```

```
// 控制按钮
Row() {
  Button(" 开始 ").onClick(() => {
    this.textTimerController.start()
  })
  Button(" 暂停 ").onClick(() => {
    this.textTimerController.pause()
  })
  Button(" 重置 ").onClick(() => {
    this.textTimerController.reset()
  })
}
```

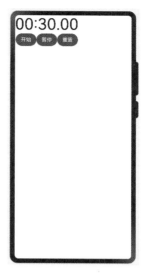

从上述示例看出，TextTimer 绑定一个控制器 TextTimerController，设置了倒计时 30 秒。通过 TextTimerController 的 start()、pause()、reset() 实现对计时器状态的控制。

上述示例界面效果如图 3-51 所示。

图 3-51 TextTime 组件效果

3.4.32　TimePicker

TimePicker 是滑动选择时间的组件。

TimePicker 示例如下：

```
TimePicker()
  .useMilitaryTime(true)  // 设置为 24 小时制
```

从上述示例看出，TimePicker 可以设置 useMilitaryTime 属性来实现展示时间是否为 24 小时制。上述示例界面效果如图 3-52 所示。

3.4.33　Toggle

Toggle 组件提供复选框样式、状态按钮样式及开关样式。仅当 ToggleType 为 Button 时可包含子组件。

Toggle 组件的构造函数参数主要有两个。

图 3-52 TimePicker 组件
效果

- typ：开关类型，可以是 Checkbox、Button、Switch。
- isOn：开关是否打开。默认值是 false。

Toggle 组件还可以设置以下属性。

- selectedColor：设置组件打开状态的背景颜色。
- switchPointColor：设置 Switch 类型的圆形滑块颜色。

Toggle 示例如下：

```
// 关闭的 Switch 类型
Toggle({ type: ToggleType.Switch, isOn: false })
  .size({ width: 40, height: 40 })      // 设置大小
```

```
    .selectedColor('#007DFF')              // 设置组件打开状态的背景颜色
    .switchPointColor('#FFFFFF')           // 设置 Switch 类型的圆形滑块颜色

// 打开的 Switch 类型
Toggle({ type: ToggleType.Switch, isOn: true })
    .size({ width: 40, height: 40 })       // 设置大小
    .selectedColor('#007DFF')              // 设置组件打开状态的背景颜色
    .switchPointColor('#FFFFFF')           // 设置 Switch 类型的圆形滑块颜色

// 关闭的 Checkbox 类型
Toggle({ type: ToggleType.Checkbox, isOn: false })
    .size({ width: 40, height: 40 })       // 设置大小
    .selectedColor('#007DFF')       // 设置组件打开状态的背景颜色

// 打开的 Checkbox 类型
Toggle({ type: ToggleType.Checkbox, isOn: true })
    .size({ width: 40, height: 40 })       // 设置大小
    .selectedColor('#007DFF')       // 设置组件打开状态的背景颜色

// 关闭的 Button 类型
Toggle({ type: ToggleType.Button, isOn: false })
    .size({ width: 40, height: 40 })       // 设置大小
    .selectedColor('#007DFF')       // 设置组件打开状态的背景颜色

// 打开的 Button 类型
Toggle({ type: ToggleType.Button, isOn: true })
    .size({ width: 40, height: 40 })       // 设置大小
    .selectedColor('#007DFF')       // 设置组件打开状态的背景颜色
```

上述示例界面效果如图 3-53 所示。

图 3-53 Toggle 组件效果

3.4.34　Web

Web 组件是提供具有网页显示能力的组件。需要注意的是，在访问在线网页时需添加网络权限 ohos.permission.INTERNET。

Web 组件示例如下：

```
//Web 组件控制器需要导入的包
import web_webview from '@ohos.web.webview'

private webviewController: web_webview.
WebviewController = new web_webview.WebviewController()

Web({ src: 'https://waylau.com', controller: this.
webviewController })
```

上述示例显示了 https://waylau.com 网页的界面效果，如图 3-54 所示。

有关 Web 组件的更多内容，还会在第 7 章深入探讨。

图 3-54 Web 组件效果

3.5 总结

本章介绍了 UI 开发的基本概念，以及常用组件和基础组件，希望读者能够掌握 UI 开发的基本知识，并了解这些常用组件和基础组件的功能，学习如何使用这些基础组件。下一章将继续讲解 UI 的相关知识。

3.6 习题

1. 判断题

（1）TabContent 的 tabBar 属性仅支持 string 类型。（　　）

（2）当 Tabs 组件的参数 barPosition 为 BarPosition.End 时，页签位于页面底部。（　　）

2. 单选题

（1）关于 Button 组件，下面哪个样式是胶囊型按钮？（　　）

　　A. ButtonType.Capsule　　　　B. ButtonType.Normal

　　C. ButtonType.Circle　　　　　D. 以上都不是

（2）关于 Web 组件，下面描述错误的是？（　　）

　　A. WebController 控制器可以控制 Web 组件的各种行为，比如 forward、backward、runJavaScript 等

　　B. Web 组件支持 fileAccess、javaScriptAccess 等多种属性的设置，例如 .javaScriptAccess(true) 表示允许执行 JavaScript 脚本

　　C. Web 组件支持 onConfirm、onConsole 等多种事件，例如网页调用 confirm() 告警时触发 onConfirm 回调

　　D. 使用 Web 组件访问在线和离线网页都需要添加 ohos.permission.INTERNET 权限

3. 多选题

（1）关于 Tabs 组件页签的位置设置、下面描述正确的是？（　　）

　　A. 当 barPosition 为 Start（默认值）、vertical 属性为 false 时（默认值），页签位于容器顶部

　　B. 当 barPosition 为 Start（默认值）、vertical 属性为 true 时，页签位于容器左侧

　　C. 当 barPosition 为 End、vertical 属性为 false（默认值）时，页签位于容器底部

　　D. 当 barPosition 为 End、vertical 属性为 true 时，页签位于容器右侧

（2）针对包含文本元素的组件，如 Text、Button、TextInput 等，可以使用下列哪些属性？（　　）

　　A. fontColor　　　B. fontSize　　　C. fontStyle　　　D. fontWeight　　　E. fontFamily

第 4 章

UI 开发（下）

本章将继续讲述 UI 开发的相关知识，主要介绍容器组件、媒体组件、绘制组件、画布组件和常用布局，同时还将介绍相关实战案例，以使读者能够在实际开发中使用这些组件。

4.1 容器组件详解

声明式开发范式目前可供选择的容器组件有 AlphabetIndexer、Badge、Column、ColumnSplit、Counter、Flex、GridCol、GridRow、Grid、GridItem、List、ListItem、Navigator、Panel、Refresh、RelativeContainer、Row、RowSplit、Scroll、SideBarContainer、Stack、Swiper、Tabs、TabContent。

本节演示如何使用这些容器组件。相关示例可以在 ArkUIContainerComponents 应用中找到。

4.1.1 Column 和 Row

Column 和 Row 是常用的容器组件。其中，Column 是沿垂直方向布局的容器，Row 是沿水平方向布局的容器。

Column 和 Row 的构造函数都有 space 参数，表示元素间的间距。

Column 和 Row 都包含属性 alignItems 和 justifyContent，用来设置子组件的对齐格式。

不同的是，对于 Column 而言，alignItems 用于设置子组件在水平方向上的对齐格式，默认值是 HorizontalAlign.Center；justifyContent 用于设置子组件在垂直方向上的对齐格式，默认值是 FlexAlign.Start。

而 Row 则相反，alignItems 用于设置子组件在垂直方向上的对齐格式，默认值是 VerticalAlign.Center；而 justifyContent 用于设置子组件在水平方向上的对齐格式，默认值是 FlexAlign.Start。

示例如下：

```
Column() {
    // 设置子组件水平方向的间距为 5
    Row({ space: 5 }) {
        Row().width('30%').height(50).backgroundColor(0xAFEEEE)
        Row().width('30%').height(50).backgroundColor(0x00FFFF)
    }.width('90%').height(107).border({ width: 1 })

    // 设置子元素垂直方向的对齐方式
    Row() {
        Row().width('30%').height(50).backgroundColor(0xAFEEEE)
        Row().width('30%').height(50).backgroundColor(0x00FFFF)
    }.width('90%').alignItems(VerticalAlign.Bottom).height('15%').border({
width: 1 })

    Row() {
        Row().width('30%').height(50).backgroundColor(0xAFEEEE)
        Row().width('30%').height(50).backgroundColor(0x00FFFF)
    }.width('90%').alignItems(VerticalAlign.Center).height('15%').border({
width: 1 })

    // 设置子元素水平方向的对齐方式
    Row() {
        Row().width('30%').height(50).backgroundColor(0xAFEEEE)
        Row().width('30%').height(50).backgroundColor(0x00FFFF)
    }.width('90%').border({ width: 1 }).justifyContent(FlexAlign.End)

    Row() {
        Row().width('30%').height(50).backgroundColor(0xAFEEEE)
        Row().width('30%').height(50).backgroundColor(0x00FFFF)
    }.width('90%').border({ width: 1 }).justifyContent(FlexAlign.Center)
}
```

上述示例界面效果如图 4-1 所示。

图 4-1　Column 和 Row 组件效果

4.1.2 ColumnSplit 和 RowSplit

ColumnSplit 和 RowSplit 是在每个子组件之间插入一条分隔线。其中 ColumnSplit 是横向的分隔线，RowSplit 是纵向的分隔线。

ColumnSplit 和 RowSplit 示例如下：

```
// 纵向的分隔线
RowSplit() {
    Text('1').width('10%').height(400).backgroundColor(0xF5DEB3).
textAlign(TextAlign.Center)
    Text('2').width('10%').height(400).backgroundColor(0xD2B48C).
textAlign(TextAlign.Center)
    Text('3').width('10%').height(400).backgroundColor(0xF5DEB3).
textAlign(TextAlign.Center)
    Text('4').width('10%').height(400).backgroundColor(0xD2B48C).
textAlign(TextAlign.Center)
    Text('5').width('10%').height(400).backgroundColor(0xF5DEB3).
textAlign(TextAlign.Center)
    }
    .resizeable(true)  // 可拖动
    .width('90%').height(400)

// 横向的分隔线
ColumnSplit() {
    Text('1').width('100%').height(50).backgroundColor(0xF5DEB3).
textAlign(TextAlign.Center)
    Text('2').width('100%').height(50).backgroundColor(0xD2B48C).
textAlign(TextAlign.Center)
    Text('3').width('100%').height(50).backgroundColor(0xF5DEB3).
textAlign(TextAlign.Center)
    Text('4').width('100%').height(50).backgroundColor(0xD2B48C).
textAlign(TextAlign.Center)
    Text('5').width('100%').height(50).backgroundColor(0xF5DEB3).
textAlign(TextAlign.Center)
    }
    .resizeable(true)  // 可拖动
    .width('90%').height('60%')
```

ColumnSplit 和 RowSplit 还 可 以 设 置 resizeable 属性，用来表示分隔线是否可以拖动。上述示例界面效果如图 4-2 所示。

4.1.3 Flex

Flex 是以弹性方式布局子组件的容器组件。

标准 Flex 布局容器包含以下参数。

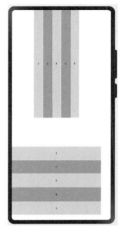

图 4-2 ColumnSplit 和 RowSplit 组件效果

- direction：子组件在 Flex 容器上排列的方向，即主轴的方向。
- wrap：Flex 容器以单行 / 列还是多行 / 列排列。
- justifyContent：子组件在 Flex 容器主轴上的对齐格式。
- alignItems：子组件在 Flex 容器交叉轴上的对齐格式。
- alignContent：交叉轴中有额外的空间时，多行内容的对齐方式。仅在 wrap 为 Wrap 或 WrapReverse 时生效。

Flex 示例如下：

```
// 主轴方向为 FlexDirection.Row
Flex({ direction: FlexDirection.Row }) {
  Text('1').width('20%').height(50).backgroundColor(0xF5DEB3)
  Text('2').width('20%').height(50).backgroundColor(0xD2B48C)
  Text('3').width('20%').height(50).backgroundColor(0xF5DEB3)
  Text('4').width('20%').height(50).backgroundColor(0xD2B48C)
}
.height('40%')
.width('90%')
.padding(10)
.backgroundColor(0xAFEEEE)

// 主轴方向为 FlexDirection.Column
Flex({ direction: FlexDirection.Column }) {
  Text('1').width('20%').height(50).backgroundColor(0xF5DEB3)
  Text('2').width('20%').height(50).backgroundColor(0xD2B48C)
  Text('3').width('20%').height(50).backgroundColor(0xF5DEB3)
  Text('4').width('20%').height(50).backgroundColor(0xD2B48C)
}
.height('40%')
.width('90%')
.padding(10)
.backgroundColor(0xAFEEEE)
```

上述示例界面效果如图 4-3 所示。

4.1.4　Grid 和 GridItem

Grid 网格容器由"行"和"列"分隔的单元格组成，通过指定 GridItem 所在的单元格做出各种各样的布局。

Grid 和 GridItem 示例如下：

```
private numberArray: String[] = ['0', '1', '2', '3', '4']

Grid() {
  ForEach(this.numberArray, (day: string) => {
    ForEach(this.numberArray, (day: string) => {
      GridItem() {
        Text(day)
          .fontSize(16)
          .backgroundColor(0xF9CF93)
```

图 4-3　Flex 组件效果

```
            .width('100%')
            .height('100%')
            .textAlign(TextAlign.Center)
        }
      }, day => day)
   }, day => day)
}
.columnsTemplate('1fr 1fr 1fr 1fr 1fr')    // 设置当前网格布局列的数量
.rowsTemplate('1fr 1fr 1fr 1fr 1fr')       // 设置当前网格布局行的数量
.columnsGap(10)          // 设置列与列的间距
.rowsGap(10)             // 设置行与行的间距
.width('90%')
.backgroundColor(0xFAEEE0)
.height(300)
```

上述示例，columnsTemplate 用来设置当前网格布局列的
数量，不设置时默认为 1 列。例如，'1fr 1fr 2fr' 是将父组件分
成 3 列，将父组件允许的宽分为 4 等份，第一列占 1 份，第二
列占 1 份，第三列占 2 份。同理，rowsTemplate 用来设置当前
网格布局行的数量，不设置时默认为 1 行。例如，'1fr 1fr 2fr'
是将父组件分成 3 行，将父组件允许的高分为 4 等份，第一行
占 1 份，第二行占一份，第三行占 2 份。

上述示例界面效果如图 4-4 所示。

图 4-4 Grid 和 GridItem 组件效果

4.1.5 GridRow 和 GridCol

GridRow 栅格容器组件仅可以和栅格子组件 GridCol 在栅格布局场景中使用。

GridRow 和 GridCol 示例如下：

```
private bgColors: Color[] = [Color.Red, Color.Orange, Color.Yellow, Color.
Green, Color.Pink, Color.Grey, Color.Blue, Color.Brown]

GridRow({
  columns: 5,                     // 设置布局列数
  gutter: { x: 5, y: 20 },        // 栅格布局间距，x 代表水平方向，y 代表垂直方向
  breakpoints: { value: ["400vp", "600vp", "800vp"], // 断点发生变化时触发回调
    reference: BreakpointsReference.WindowSize },
  direction: GridRowDirection.Row                    // 栅格布局排列方向
}) {
  ForEach(this.bgColors, (color) => {
    GridCol({ span: { xs: 1, sm: 2, md: 3, lg: 4 } }) {
      Row().width("100%").height("80vp")
    }.borderColor(color).borderWidth(2)
  })
}.width("100%").height("100%")
```

GridRow 参数如下。

- gutter：栅格布局间距，x 代表水平方向。
- columns：设置布局列数。
- breakpoints：设置断点值的断点数列以及基于窗口或容器尺寸的相应参照。
- direction：栅格布局排列方向。

上述示例界面效果如图 4-5 所示。

图 4-5 GridRow 和 GridCol
组件效果

4.1.6 List、ListItem 和 ListItemGroup

List 是列表，包含一系列相同宽度的列表项，适合连续、多行呈现同类数据，例如图片和文本。

List 可以包含 ListItem 和 ListItemGroup 子组件。ListItem 用来展示列表具体 item，必须配合 List 来使用。ListItemGroup 组件用来展示列表 item 分组，宽度默认充满 List 组件，必须配合 List 组件来使用。

以下是一个 List、ListItem 和 ListItemGroup 的示例：

```
private timetableListItemGroup: any = [
  {
    title:'星期一',
    projects:['语文', '数学', '英语']
  },
  {
    title:'星期二',
    projects:['物理', '化学', '生物']
  },
  {
    title:'星期三',
    projects:['历史', '地理', '政治']
  },
  {
    title:'星期四',
    projects:['美术', '音乐', '体育']
  }
]
List({ space: 2 }) {
  ForEach(this.timetableListItemGroup, (item) => {
    ListItemGroup() {
      ForEach(item.projects, (project) => {
        ListItem() {
          Text(project)
            .width("100%").height(30).fontSize(20)
            .textAlign(TextAlign.Center)
        }
      }, item => item)
```

```
    }
    .borderRadius(20)
    .divider({ strokeWidth: 2, color: 0xDCDCDC })
// 每行之间的分界线
    })
}
.width('100%')
```

上述示例界面效果如图 4-6 所示。

4.1.7 AlphabetIndexer

AlphabetIndexer 是可以与容器组件联动用于按逻辑结构
快速定位容器显示区域的组件。

AlphabetIndexer 构造函数接收两个参数。

图 4-6 List、ListItem 和
ListItemGroup 组件效果

- arrayValue：字母索引字符串数组，不可设置为空。
- selected：初始选中项索引值，若超出索引值范围，则取默认值0。

以下是一个 AlphabetIndexer 的示例：

```
Row() {
  List({ space: 10, initialIndex: 0 }) {
    ForEach(this.alphabetIndexerArrayA, (item) => {
      ListItem() {
        Text(item)
          .width('80%')
          .height('5%')
          .fontSize(20)
          .textAlign(TextAlign.Center)
      }
    }, item => item)

    ForEach(this.alphabetIndexerArrayB, (item) => {
      ListItem() {
        Text(item)
          .width('80%')
          .height('5%')
          .fontSize(20)
          .textAlign(TextAlign.Center)
      }
    }, item => item)

    ForEach(this.alphabetIndexerArrayC, (item) => {
      ListItem() {
        Text(item)
          .width('80%')
          .height('5%')
          .fontSize(20)
          .textAlign(TextAlign.Center)
      }
```

```
    }, item => item)
    ForEach(this.alphabetIndexerArrayL, (item) => {
      ListItem() {
        Text(item)
          .width('80%')
          .height('5%')
          .fontSize(20)
          .textAlign(TextAlign.Center)
      }
    }, item => item)
  }
  .width('50%')
  .height('100%')

  AlphabetIndexer({ arrayValue: this.alphabetIndexerArrayValue, selected: 0 })
    .selectedColor(0xFFFFFF)                        // 选中项文本颜色
    .popupColor(0xFFFAF0)                           // 弹出框文本颜色
    .selectedBackgroundColor(0xCCCCCC)              // 选中项背景颜色
    .popupBackground(0xD2B48C)                      // 弹出框背景颜色
    .usingPopup(true)                               // 是否显示弹出框
    .selectedFont({ size: 16, weight: FontWeight.Bolder })// 选中项字体样式
    .popupFont({ size: 30, weight: FontWeight.Bolder })   // 弹出框内容的字体样式
    .itemSize(28)                                   // 每一项的尺寸大小
    .alignStyle(IndexerAlign.Left)                  // 弹出框在索引条右侧弹出
    .onRequestPopupData((index: number) => {
      if (this.alphabetIndexerArrayValue[index] == 'A') {
        return this.alphabetIndexerArrayA    // 当选中 A 时，弹出框里面的提示文本列表
        显示 A 对应的列表 arrayA，选中 B、C、L 时也同样
      } else if (this.alphabetIndexerArrayValue[index] == 'B') {
        return this.alphabetIndexerArrayB
      } else if (this.alphabetIndexerArrayValue[index] == 'C') {
        return this.alphabetIndexerArrayC
      } else if (this.alphabetIndexerArrayValue[index] == 'L') {
        return this.alphabetIndexerArrayL
      } else {
        return [] // 选中其余字母项时，提示文本列表为空
      }
    })
  }
```

上述示例界面效果如图 4-7 所示。

4.1.8 Badge

Badge 是可以附加在单个组件上用于信息标记的容器
组件。

Badge 构造函数主要由以下 4 个参数组成。

- count：设置提醒消息数。
- position：设置提示点显示位置。

图 4-7 AlphabetIndexer 组件效果

- maxCount：最大消息数，超过最大消息时仅显示 maxCount。
- style：Badge 组件可以设置样式，支持设置文本颜色和尺寸以及圆点颜色和尺寸。

其中，position 可以设置 3 种情况。

- RightTop：圆点显示在右上角。
- Right：圆点显示在右侧，纵向居中。
- Left：圆点显示在左侧，纵向居中。

以下是一个 Badge 的示例：

```
// 如果不设置 position，默认在右上角显示红点
Badge({
  value: '',
  style: { badgeSize: 16, badgeColor: '#FA2A2D' }
}) {
  Image($r('app.media.ic_user_portrait'))
    .width(40)
    .height(40)
}
.width(40)
.height(40)

// 在右侧显示 New
Badge({
  value: 'New',
  position: BadgePosition.Right,
  style: { badgeSize: 16, badgeColor: '#FA2A2D' }
}) {
  Text(' 我的消息 ').width(170).height(40).fontSize(40).
fontColor('#182431')
}.width(170).height(40)

// 在右侧显示数字
Badge({
  value: '1',
  position: BadgePosition.Right,
  style: { badgeSize: 16, badgeColor: '#FA2A2D' }
}) {
  Text(' 我的消息 ').width(170).height(40).fontSize(40).
fontColor('#182431')
}.width(170).height(40)
```

上述示例界面效果如图 4-8 所示。

图 4-8 Badge 组件效果

4.1.9　Counter

Counter 是计数器组件，提供相应的增加或者减少的计数操作。

以下是一个 Counter 的示例：

```
Counter() {
  Text(this.counterValue.toString())
}.margin(100)
// 监听数值增加事件
.onInc(() => {
  this.counterValue++
})
// 监听数值减少事件
.onDec(() => {
  this.counterValue--
})
```

上述示例界面效果如图 4-9 所示。

4.1.10 Navigator

Navigator 是路由容器组件，提供路由跳转能力。

Navigator 的构造函数参数主要有两个。

图 4-9 Counter 组件效果

- target：指定跳转目标页面的路径。
- type：指定路由方式。默认值是 NavigationType.Push。

其中路由方式主要有 3 类。

- Push：跳转到应用内的指定页面。
- Replace：用应用内的某个页面替换当前页面，并销毁被替换的页面。
- Back：返回上一个页面或指定的页面。

以下是 Navigator 示例。假设有 Navigator.ets、Detail.ets、Back.ets 三个文件。

Navigator.ets 文件代码如下：

```
//Navigator.ets
@Entry
@Component
struct NavigatorExample {
  @State active: boolean = false
  @State Text: object = {name: 'news'}

  build() {
    Flex({ direction: FlexDirection.Column, alignItems: ItemAlign.Start,
justifyContent: FlexAlign.SpaceBetween }) {
      Navigator({ target: 'pages/container/navigator/Detail', type:
NavigationType.Push }) {
        Text('Go to ' + this.Text['name'] + ' page')
          .width('100%').textAlign(TextAlign.Center)
      }.params({ text: this.Text }) // 传参数到 Detail 页面

      Navigator() {
        Text('Back to previous page').width('100%').textAlign(TextAlign.Center)
      }.active(this.active)
```

```
        .onClick(() => {
          this.active = true
        })
    }.height(150).width(350).padding(35)
  }
}
```

Detail.ets 文件代码如下：

```
//Detail.ets
import router from '@ohos.router'

@Entry
@Component
struct DetailExample {
  // 接收 Navigator.ets 的传参
  @State text: any = router.getParams()['text']

  build() {
    Flex({ direction: FlexDirection.Column, alignItems: ItemAlign.Start,
justifyContent: FlexAlign.SpaceBetween }) {
      Navigator({ target: 'pages/container/navigator/Back', type:
NavigationType.Push }) {
        Text('Go to back page').width('100%').height(20)
      }
      Text('This is ' + this.text['name'] + ' page')
        .width('100%').textAlign(TextAlign.Center)
    }
    .width('100%').height(200).padding({ left: 35, right: 35, top: 35 })
  }
}
```

Back.ets 文件代码如下：

```
//Back.ets
@Entry
@Component
struct BackExample {
  build() {
    Column() {
      Navigator({ target: 'pages/container/navigator/Navigator', type:
NavigationType.Back }) {
        Text('Return to Navigator Page').width('100%').textAlign(TextAlign.
Center)
      }
    }.width('100%').height(200).padding({ left: 35, right: 35, top: 35 })
  }
}
```

通过单击页面上的文本，可以实现 3 个页面之间的切换，如图 4-10 ～图 4-12 所示。

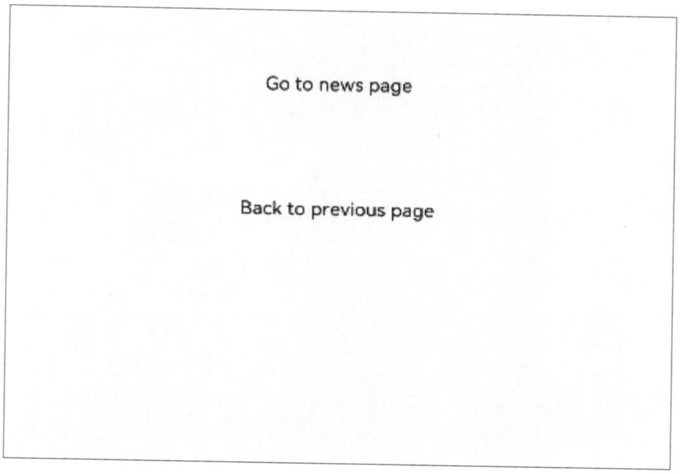

图 4-10　Navigator.ets 页面效果

图 4-11　Detail.ets 页面效果

图 4-12　Back.ets 页面效果

4.1.11　Panel

Panel 是可滑动面板，提供一种轻量的内容展示窗口，方便在不同尺寸间切换。

Panel 示例如下：

```
Panel(true) {       // 展示历程
  Column() {
    Text(' 今日历程 ').fontSize(20)

    Text('1、Java 核心编程 ').fontSize(20)
    Text('2、轻量级 Java EE 企业应用开发实战 ').fontSize(20)
    Text('3、鸿蒙 HarmonyOS 手机应用开发实战 ').fontSize(20)
    Text('4、Node.js+Express+MongoDB+Vue.js 全栈开发实战 ').fontSize(20)
  }
}
.type(PanelType.Foldable).mode(PanelMode.Half)
.dragBar(true)            // 默认开启
.halfHeight(500)          // 默认一半
```

上述示例指定了在 **PanelMode.Half** 状态下的窗口高度，默认为屏幕尺寸的一半。界面效果如图 4-13 所示。

图 4-13 Panel 效果

4.1.12　Refresh

Refresh 是可以进行页面下拉操作并显示刷新动效的容器组件，主要包含以下参数。

- refreshing：当前组件是否正在刷新。该参数支持 \$\$ 双向绑定变量。
- offset：刷新组件静止时距离父组件顶部的距离。默认值是 16，单位为 vp。
- friction：下拉摩擦系数，取值范围为 0 ~ 100。默认值是 62。

Refresh 示例如下。

```
Refresh({ refreshing: true, // 前组件是否正在刷新
  offset: 120,            // 新组件静止时距离父组件顶部的距离
  friction: 100 }) { // 拉摩擦系数，取值范围为 0 ~ 100。默认值
是 62
  Text(' 下拉刷新 ')
    .fontSize(30)
    .margin(10)
}
```

上述示例界面效果如图 4-14 所示。

图 4-14 Refresh 效果

4.1.13　RelativeContainer

RelativeContainer 是相对布局组件，用于复杂场景中元素对齐的布局。容器内子组件区分水平方向和垂直方向：

- 水平方向为 left、middle 和 right，对应容器的 HorizontalAlign.Start、HorizontalAlign.Center 和 HorizontalAlign.End。
- 垂直方向为 top、center 和 bottom，对应容器的 VerticalAlign.Top、VerticalAlign.Center 和 VerticalAlign.Bottom。

RelativeContainer 示例如下：

```
Refresh({ refreshing: true,    // 当前组件是否正在刷新
    offset: 120,               // 新组件静止时距离父组件顶部的距离
    friction: 100 }) {         // 下拉摩擦系数，取值范围为 0 ～ 100。默认值是 62
    Text(' 下拉刷新 ')
      .fontSize(30)
      .margin(10)
}
```

上述示例，子组件可以将容器或者其他子组件设为锚点，参与相对布局的容器内的组件必须设置 id，不设置 id 的组件不显示，容器 id 固定为 __container__。界面效果如图 4-15 所示。

4.1.14 Scroll

Scroll 是可滚动的容器组件，当子组件的布局尺寸超过父组件的尺寸时，内容可以滚动。

Scroll 示例如下：

图 4-15 RelativeContainer 效果

```
// 与 Scroller 绑定
Scroll(new Scroller()) {
  Column() {
    ForEach(this.numberArray, (item) => {
      Text(item.toString())
        .width('90%')
        .height(250)
        .backgroundColor(0xFFFFFF)
        .borderRadius(15)
        .fontSize(26)
        .textAlign(TextAlign.Center)
        .margin({ top: 10 })
    }, item => item)
  }.width('100%')
}
.scrollable(ScrollDirection.Vertical)    // 滚动方向为纵向
.scrollBar(BarState.On)                   // 滚动条常驻显示
.scrollBarColor(Color.Gray)              // 滚动条颜色
.scrollBarWidth(40)                       // 滚动条宽度
.edgeEffect(EdgeEffect.None)
.onScroll((xOffset: number, yOffset: number) => {
  console.info(xOffset + ' ' + yOffset)
})
```

```
.onScrollEdge((side: Edge) => {
  console.info('To the edge')
})
.onScrollEnd(() => {
  console.info('Scroll Stop')
}).backgroundColor(0xDCDCDC)
```

图 4-16 Scroll 效果

上述示例 Scroll 与 Scroller 进行了绑定，然后通过它控制容器组件的滚动。界面效果如图 4-16 所示。

4.1.15 SideBarContainer

SideBarContainer 是提供侧边栏可以显示和隐藏的侧边栏容器，通过子组件定义侧边栏和内容区，第一个子组件表示侧边栏，第二个子组件表示内容区。

SideBarContainer 示例如下：

```
SideBarContainer(SideBarContainerType.Embed) {
  Column() {
    Text('菜单 1').fontSize(25)
    Text('菜单 2').fontSize(25)
  }.width('100%')
  .justifyContent(FlexAlign.SpaceEvenly)
  .backgroundColor('#19000000')
  Column() {
    Text('内容 1').fontSize(25)
    Text('内容 2').fontSize(25)
  }
}
```

上述示例界面效果如图 4-17 所示。

单击左上角的菜单，可以显示侧边栏，界面效果如图 4-18 所示。

图 4-17 SideBarContainer 效果

图 4-18 SideBarContainer 显示侧边栏效果

4.1.16　Stack

　　Stack 是堆叠容器，子组件按照顺序依次入栈，后一个子组件覆盖前一个子组件。

　　Stack 示例如下：

```
// 第一层组件
Text(' 第一层 ')
  .width('90%')
  .height('100%')
  .backgroundColor(Color.Grey)
  .align(Alignment.Top)
  .fontSize(40)

// 第二层组件
Text(' 第二层 ')
  .width('70%')
  .height('60%')
  .backgroundColor(Color.Orange)
  .align(Alignment.Top)
  .fontSize(40)
}.width('100%').height(400).margin({ top: 5 })
```

　　上述示例中，第二层组件覆盖在了第一层组件上面，界面效果如图 4-19 所示。

图 4-19　Stack 效果

4.1.17　Swiper

　　Swiper 是滑块视图容器，提供子组件滑动轮播显示的能力。

　　Swiper 示例如下：

```
Swiper() {
  Image($r('app.media.book01'))
    .width(280).height(380)
  Image($r('app.media.book02'))
    .width(280).height(380)
  Image($r('app.media.book03'))
    .width(280).height(380)
  Image($r('app.media.book04'))
    .width(280).height(380)
}
.cachedCount(2)           // 设置预加载子组件的个数
.index(1)                 // 设置当前在容器中显示的子组件的索引值
.autoPlay(true)           // 子组件是否自动播放，在自动播放状态下，导航点不可操作
.interval(4000)           // 使用自动播放时播放的时间间隔，单位为毫秒
.indicator(true)          // 是否启用导航点指示器
.loop(true)               // 是否开启循环
.duration(1000)           // 子组件切换的动画时长，单位为毫秒
.itemSpace(0)             // 设置子组件与子组件之间的间隙
.curve(Curve.Linear)      // 设置 Swiper 的动画曲线
```

上述示例界面效果如图 4-20 所示，会自动播放图片。

4.1.18 Tabs 和 TabContent

Tabs 是通过页签进行内容视图切换的容器组件，每个页签对应一个内容视图 TabContent。

Tabs 主要包括 3 个参数。

- barPosition：设置 Tabs 的页签位置。默认值是 BarPosition.Start。
- index：设置初始页签索引。默认值是 0。
- controller：设置 Tabs 控制器。

Tabs 示例如下：

图 4-20 Swiper 效果

```
Tabs({ barPosition: BarPosition.Start, // 设置 Tabs 的页签位置
  controller: new TabsController()      // 设置 Tabs 控制器
}) {
  TabContent() {
    Column().width('100%').height('100%').backgroundColor(Color.Orange)
  }

  TabContent() {
    Column().width('100%').height('100%').backgroundColor(Color.Blue)
  }

  TabContent() {
    Column().width('100%').height('100%').backgroundColor(Color.Red)
  }
}
.vertical(false)          // 设置为 false 是横向 Tabs，设置为 true 是纵向 Tabs
.barMode(BarMode.Fixed)   //TabBar 布局模式
.barWidth(360)            //TabBar 的宽度值
.barHeight(56)            //TabBar 的高度值
.animationDuration(400)   //TabContent 滑动动画时长
.width(360)
.height(296)
.margin({ top: 52 })
```

上述示例界面效果如图 4-21 所示。

图 4-21 Tabs 和 TabContent 效果

4.2　媒体组件详解

声明式开发范式目前可供选择的媒体组件只有 Video。

本节演示如何使用 Video 组件。相关示例可以在 ArkUIMediaComponents 应用中找到。

Video 是用于播放视频文件并控制其播放状态的组件。如果使用的是网络视频，则需要申请 ohos.permission.INTERNET 权限。

Video 的参数主要有以下几个。

- src：视频播放源的路径，支持本地视频路径和网络路径。支持在 resources 下的 video 或 rawfile 文件夹中放置媒体资源。支持 dataability:// 的路径前缀，用于访问通过 Data Ability 提供的视频路径。视频支持的格式包括 MP4、MKV、WebM、TS。
- currentProgressRate：视频播放倍速。取值仅支持 0.75、1.0、1.25、1.75、2.0。
- previewUri：视频未播放时的预览图片路径。
- controller：设置视频控制器。

Video 示例如下：

```
Video({
  src: $rawfile('video_11.mp4'),       // 视频播放源的路径
  previewUri: $r('app.media.book01'),  // 视频未播放时的预览图片路径
  currentProgressRate: 0.75,           // 视频播放倍速
  controller: new VideoController()
}).width(400).height(600)
  .autoPlay(true) // 自动播放
  .controls(true) // 显示视频控制器
```

上述示例界面效果如图 4-22 所示。

图 4-22　Video 组件效果

4.3 绘制组件详解

声明式开发范式目前可供选择的绘制组件有 Circle、Ellipse、Line、Polyline、Polygon、Path、Rect、Shape 等。

本节演示如何使用绘制组件。相关示例可以在 ArkUIDrawingComponents 应用中找到。

4.3.1 Circle 和 Ellipse

Circle 和 Ellipse 分别是用于绘制圆形和椭圆的组件。

Circle 和 Ellipse 的参数说明如下。

- width：宽度。
- height：高度。

Circle 和 Ellipse 的参数属性说明如下。

- fill：设置填充区域颜色。默认值是 Color.Black。
- fillOpacity：设置填充区域透明度。默认值是 1。
- stroke：设置边框颜色，不设置时，默认没有边框。
- strokeDashArray：设置边框间隙。默认值是 []。
- strokeDashOffset：边框绘制起点的偏移量。默认值是 0。
- strokeLineCap：设置边框端点绘制样式。默认值是 LineCapStyle.Butt。
- strokeLineJoin：设置边框拐角绘制样式。默认值是 LineJoinStyle.Miter。
- strokeMiterLimit：设置斜接长度与边框宽度比值的极限值。默认值是 4。
- strokeOpacity：设置边框透明度。默认值是 1。
- strokeWidth：设置边框宽度。默认值是 1。
- antiAlias：是否开启抗锯齿效果。默认值是 true。

Circle 和 Ellipse 示例如下：

```
// 绘制一个直径为 150 的圆
Circle({ width: 150, height: 150 })

// 绘制一个直径为150、线条为红色虚线的圆环（宽高设置不一致时以短边为直径）
Circle()
  .width(150)
  .height(200)
  .fillOpacity(0)                 // 设置填充区域透明度
  .strokeWidth(3)                 // 设置边框宽度
  .stroke(Color.Red)              // 设置边框颜色
  .strokeDashArray([1, 2])        // 设置边框间隙

// 绘制一个 150×80 的椭圆
Ellipse({ width: 150, height: 50 })
```

```
// 绘制一个 150×100、线条为蓝色的椭圆环
Ellipse()
  .width(150)
  .height(50)
  .fillOpacity(0)                  // 设置填充区域透明度
  .strokeWidth(3)                  // 设置边框宽度
  .stroke(Color.Red)               // 设置边框颜色
  .strokeDashArray([1, 2])         // 设置边框间隙
```

上述示例界面效果如图 4-23 所示。

Circle 和 Ellipse 一个最为重要的区别在于，即便 Circle 的 width 和 height 设置的不一样，仍然会以两者最短的边为直径。

4.3.2 Line

Line 是用于绘制直线的组件。

Line 的参数说明如下：

图 4-23 Circle 和 Ellipse 效果

- width：宽度。
- height：高度。

Line 的参数属性说明如下：

- startPoint：直线起点坐标点（相对坐标），单位为 vp。
- endPoint：直线终点坐标点（相对坐标），单位为 vp。
- fill：设置填充区域颜色。默认值是 Color.Black。
- fillOpacity：设置填充区域透明度。默认值是 1。
- stroke：设置边框颜色，不设置时，默认没有边框。
- strokeDashArray：设置边框间隙。默认值是 []。
- strokeDashOffset：边框绘制起点的偏移量。默认值是 0。
- strokeLineCap：设置边框端点绘制样式。默认值是 LineCapStyle.Butt。
- strokeLineJoin：设置边框拐角绘制样式。默认值是 LineJoinStyle.Miter。
- strokeMiterLimit：设置斜接长度与边框宽度比值的极限值。默认值是 4。
- strokeOpacity：设置边框透明度。默认值是 1。
- strokeWidth：设置边框宽度。默认值是 1。
- antiAlias：是否开启抗锯齿效果。默认值是 true。

Line 示例如下：

```
// 线条绘制的起止点坐标均是相对于 Line 组件本身绘制区域的坐标
Line()
  .startPoint([0, 0])
  .endPoint([50, 100])
  .backgroundColor('#F5F5F5')
Line()
  .width(200)
  .height(200)
```

```
   .startPoint([50, 50])
   .endPoint([150, 150])
   .strokeWidth(5)
   .stroke(Color.Orange)
   .strokeOpacity(0.5)
   .backgroundColor('#F5F5F5')

// 当坐标点设置的值超出 Line 组件的宽高范围时，线条会画出组件绘制区域
Line({ width: 50, height: 50 })
   .startPoint([0, 0])
   .endPoint([100, 100])
   .strokeWidth(3)
   .strokeDashArray([10, 3])
   .backgroundColor('#F5F5F5')

//strokeDashOffset 用于定义关联虚线 strokeDashArray 数组渲染时的偏移
Line({ width: 50, height: 50 })
   .startPoint([0, 0])
   .endPoint([100, 100])
   .strokeWidth(3)
   .strokeDashArray([10, 3])
   .strokeDashOffset(5)
   .backgroundColor('#F5F5F5')
```

上述示例界面效果如图 4-24 所示。

图 4-24 Line 效果

4.3.3 Polyline

Polyline 是用于绘制折线直线的组件。

Polyline 的参数说明如下：

- width：宽度。
- height：高度。

Polyline 的参数属性说明如下：

- points：折线经过的坐标点列表。
- fill：设置填充区域颜色。默认值是 Color.Black。
- fillOpacity：设置填充区域透明度。默认值是 1。
- stroke：设置边框颜色，不设置时，默认没有边框。
- strokeDashArray：设置边框间隙。默认值是 []。
- strokeDashOffset：边框绘制起点的偏移量。默认值是 0。
- strokeLineCap：设置边框端点绘制样式。默认值是 LineCapStyle.Butt。
- strokeLineJoin：设置边框拐角绘制样式。默认值是 LineJoinStyle.Miter。
- strokeMiterLimit：设置斜接长度与边框宽度比值的极限值。默认值是 4。
- strokeOpacity：设置边框透明度。默认值是 1。
- strokeWidth：设置边框宽度。默认值是 1。
- antiAlias：是否开启抗锯齿效果。默认值是 true。

Polyline 示例如下：

```
// 在 100×100 的矩形框中绘制一段折线，起点为 (0,0)，经过 (20,60)，到达终点 (100,100)
Polyline({ width: 100, height: 100 })
  .points([[0, 0], [20, 60], [100, 100]])
  .fillOpacity(0)
  .stroke(Color.Blue)
  .strokeWidth(3)

// 在 100×100 的矩形框中绘制一段折线，起点为 (20,0)，经过 (0,100)，到达终点 (100,90)
Polyline()
  .width(100)
  .height(100)
  .fillOpacity(0)
  .stroke(Color.Red)
  .strokeWidth(8)
  .points([[20, 0], [0, 100], [100, 90]])
     // 设置折线拐角处为圆弧
  .strokeLineJoin(LineJoinStyle.Round)
     // 设置折线两端为半圆
  .strokeLineCap(LineCapStyle.Round)
```

上述示例界面效果如图 4-25 所示。

4.3.4 Polygon

Polygon 是用于绘制多边形的组件。

Polygon 的参数说明如下：

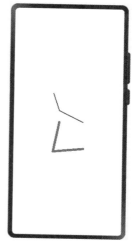

图 4-25　Polyline 效果

* width：宽度。
* height：高度。

Polygon 的参数属性说明如下：

* points：折线经过的坐标点列表。
* fill：设置填充区域颜色。默认值是 Color.Black。
* fillOpacity：设置填充区域透明度。默认值是 1。
* stroke：设置边框颜色，不设置时，默认没有边框。
* strokeDashArray：设置边框间隙。默认值是 []。
* strokeDashOffset：边框绘制起点的偏移量。默认值是 0。
* strokeLineCap：设置边框端点绘制样式。默认值是 LineCapStyle.Butt。
* strokeLineJoin：设置边框拐角绘制样式。默认值是 LineJoinStyle.Miter。
* strokeMiterLimit：设置斜接长度与边框宽度比值的极限值。默认值是 4。
* strokeOpacity：设置边框透明度。默认值是 1。
* strokeWidth：设置边框宽度。默认值是 1。
* antiAlias：是否开启抗锯齿效果。默认值是 true。

Polygon 示例如下：

```
// 在 100×100 的矩形框中绘制一个三角形，起点为 (0,0)，经过 (50,100)，到达终点 (100, 0)
Polygon({ width: 100, height: 100 })
  .points([[0, 0], [50, 100], [100, 0]])
  .fill(Color.Green)
  .stroke(Color.Transparent)
```

// 在 100×100 的矩形框中绘制一个四边形，起点为 (0,0)，经过 (0,100) 和 (100,100)，到达终点 (100, 0)

```
Polygon()
  .width(100)
  .height(100)
  .points([[0, 0], [0, 100], [100, 100], [100, 0]])
  .fillOpacity(0)
  .strokeWidth(5)
  .stroke(Color.Blue)
```

// 在 100×100 的矩形框中绘制一个五边形，起点为 (50,0)，依次经过 (0,50)、(20,100) 和 (80,100)，到达终点 (100,50)

```
Polygon()
  .width(100)
  .height(100)
  .points([[50, 0], [0, 50], [20, 100], [80, 100],
[100, 50]])
  .fill(Color.Red)
  .fillOpacity(0.6)
  .stroke(Color.Transparent)
```

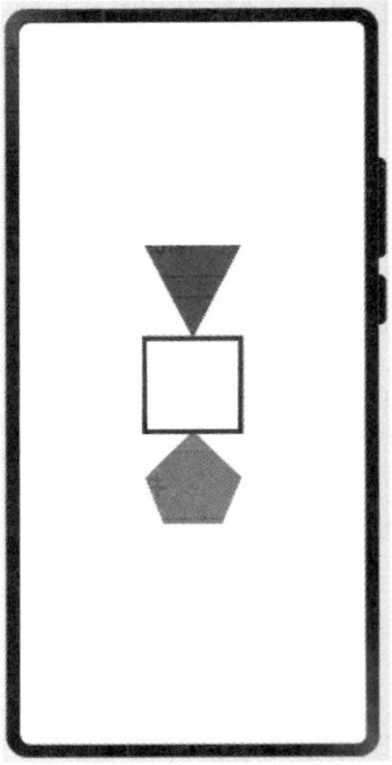

上述示例界面效果如图 4-26 所示。

图 4-26　Polygon 效果

4.3.5　Path

Path 是根据绘制路径生成封闭的自定义形状的组件。

Path 的参数说明如下：

- width：宽度。
- height：高度。
- commands：路径绘制的命令字符串。默认值是 ' '。

Path 的参数属性说明如下：

- commands：路径绘制的命令字符串，单位为 px。
- fill：设置填充区域颜色。默认值是 Color.Black。
- fillOpacity：设置填充区域透明度。默认值是 1。
- stroke：设置边框颜色，不设置时，默认没有边框。
- strokeDashArray：设置边框间隙。默认值是 []。
- strokeDashOffset：边框绘制起点的偏移量。默认值是 0。
- strokeLineCap：设置边框端点绘制样式。默认值是 LineCapStyle.Butt。
- strokeLineJoin：设置边框拐角绘制样式。默认值是 LineJoinStyle.Miter。

- strokeMiterLimit：设置斜接长度与边框宽度比值的极限值。默认值是 4。
- strokeOpacity：设置边框透明度。默认值是 1。
- strokeWidth：设置边框宽度。默认值是 1。
- antiAlias：是否开启抗锯齿效果。默认值是 true。

commands 支持的绘制命令如下。

- M：在给定的 (x, y) 坐标处开始一个新的子路径。例如，M 0 0 表示将（0, 0）点作为新子路径的起始点。
- L：从当前点到给定的 (x, y) 坐标画一条线，该坐标成为新的当前点。例如，L 50 50 表示绘制当前点到（50, 50）点的直线，并将（50, 50）点作为新子路径的起始点。
- H：从当前点绘制一条水平线，等效于将 y 坐标指定为 0 的 L 命令。例如，H 50 表示绘制当前点到（50, 0）点的直线，并将（50, 0）点作为新子路径的起始点。
- V：从当前点绘制一条垂直线，等效于将 x 坐标指定为 0 的 L 命令。例如，V 50 表示绘制当前点到（0, 50）点的直线，并将（0, 50）点作为新子路径的起始点。
- C：使用 $(x1, y1)$ 作为曲线起点的控制点，$(x2, y2)$ 作为曲线终点的控制点，从当前点到 (x, y) 绘制三次贝塞尔曲线。例如，C100 100 250 100 250 200 表示绘制当前点到（250, 200）点的三次贝塞尔曲线，并将（250, 200）点作为新子路径的起始点。
- S：$(x2, y2)$ 作为曲线终点的控制点，从当前点到 (x, y) 绘制三次贝塞尔曲线。若前一个命令是 C 或 S，则起点控制点是上一个命令的终点控制点相对于起点的映射。例如，C100 100 250 100 250 200 S400 300 400 200 第二段贝塞尔曲线的起点控制点为（250, 300）。如果没有前一个命令或者前一个命令不是 C 或 S，则第一个控制点与当前点重合。
- Q：使用 $(x1, y1)$ 作为控制点，从当前点到 (x, y) 绘制二次贝塞尔曲线。例如，Q400 50 600 300 表示绘制当前点到（600, 300）点的二次贝塞尔曲线，并将（600, 300）点作为新子路径的起始点。
- T：从当前点到 (x, y) 绘制二次贝塞尔曲线。若前一个命令是 Q 或 T，则控制点是上一个命令的终点控制点相对于起点的映射。例如，Q400 50 600 300 T1000 300 第二段贝塞尔曲线的控制点为（800, 350）。如果没有前一个命令或者前一个命令不是 Q 或 T，则第一个控制点与当前点重合。
- A：从当前点到 (x, y) 绘制一条椭圆弧。椭圆的大小和方向由两个半径 (rx, ry) 和 x-axis-rotation 定义，指示整个椭圆相对于当前坐标系如何旋转（以度为单位）。large-arc-flag 和 sweep-flag 用于确定弧的绘制方式。
- Z：通过将当前路径连接回当前子路径的初始点来关闭当前子路径。

Path 示例如下：

```
// 绘制一条长 900px、宽 3vp 的直线
Path()
  .height(10)
  .commands('M0 0 L600 0')
  .stroke(Color.Black)
  .strokeWidth(3)
// 绘制直线图形
```

```
Path()
  .commands('M100 0 L200 240 L0 240 Z')
  .fillOpacity(0)
  .stroke(Color.Black)
  .strokeWidth(3)
Path()
  .commands('M0 0 H200 V200 H0 Z')
  .fillOpacity(0)
  .stroke(Color.Black)
  .strokeWidth(3)
Path()
  .commands('M100 0 L0 100 L50 200 L150 200 L200 100 Z')
  .fillOpacity(0)
  .stroke(Color.Black)
  .strokeWidth(3)

// 绘制弧线图形
Path()
  .commands("M0 300 S100 0 240 300 Z")
  .fillOpacity(0)
  .stroke(Color.Black)
  .strokeWidth(3)
Path()
  .commands('M0 150 C0 100 140 0 200 150 L100 300 Z')
  .fillOpacity(0)
  .stroke(Color.Black)
  .strokeWidth(3)
Path()
  .commands('M0 100 A30 20 20 0 0 200 100 Z')
  .fillOpacity(0)
  .stroke(Color.Black)
  .strokeWidth(3)
```

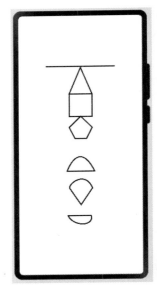

图 4-27 Path 效果

上述示例界面效果如图 4-27 所示。

4.3.6 Rect

Rect 是绘制矩形的组件。

Rect 的参数说明如下：

- width：宽度。
- height：高度。
- radius：圆角半径，支持分别设置 4 个角的圆角度数。
- radiusWidth：圆角宽度。
- radiusHeight：圆角高度。

Rect 的参数属性有说明如下：

- radiusWidth：圆角的宽度，仅设置宽时宽高一致。

- radiusHeight：圆角的高度，仅设置高时宽高一致。
- radius：圆角半径大小。
- fill：设置填充区域颜色。默认值是 Color.Black。
- fillOpacity：设置填充区域透明度。默认值是 1。
- stroke：设置边框颜色，不设置时，默认没有边框。
- strokeDashArray：设置边框间隙。默认值是 []。
- strokeDashOffset：边框绘制起点的偏移量。默认值是 0。
- strokeLineCap：设置边框端点绘制样式。默认值是 LineCapStyle.Butt。
- strokeLineJoin：设置边框拐角绘制样式。默认值是 LineJoinStyle.Miter。
- strokeMiterLimit：设置斜接长度与边框宽度比值的极限值。默认值是 4。
- strokeOpacity：设置边框透明度。默认值是 1。
- strokeWidth：设置边框宽度。默认值是 1。
- antiAlias：是否开启抗锯齿效果。默认值是 true。

Rect 示例如下：

```
// 绘制 90%×50 的矩形
Rect({ width: '90%', height: 50 })
  .fill(Color.Pink)
  .stroke(Color.Transparent)

// 绘制 90%×50 的矩形框
Rect()
  .width('90%')
  .height(50)
  .fillOpacity(0)
  .stroke(Color.Red)
  .strokeWidth(3)

// 绘制 90%×80 的矩形，圆角宽、高分别为 40、20
Rect({ width: '90%', height: 80 })
  .radiusHeight(20)
  .radiusWidth(40)
  .fill(Color.Pink)
  .stroke(Color.Transparent)

// 绘制 90%×80 的矩形，圆角宽、高为 20
Rect({ width: '90%', height: 80 })
  .radius(20)
  .fill(Color.Pink)
  .stroke(Color.Transparent)
```

```
// 绘制 90%×50 的矩形，左上圆角宽高 40，右上圆角宽、高为 20，
右下圆角宽高为 40，左下圆角宽高为 20
Rect({ width: '90%', height: 80 })
  .radius([[40, 40], [20, 20], [40, 40], [20, 20]])
  .fill(Color.Pink)
  .stroke(Color.Transparent)
```

上述示例界面效果如图 4-28 所示。

图 4-28　Rect 效果

4.3.7 Shape

Shape 是绘制组件的父组件，父组件中会描述所有绘制的组件均支持的通用属性。

- 绘制组件使用 Shape 作为父组件，实现类似于 SVG 的效果。
- 绘制组件单独使用，用于在页面上绘制指定的图形。

Shape 的参数有 value，可将图形绘制在指定的 PixelMap 对象中，若未设置，则在当前绘制目标中进行绘制。

Shape 的参数属性说明如下：

- viewPort：形状的视口。
- fill：设置填充区域颜色。默认值是 Color.Black。
- fillOpacity：设置填充区域透明度。默认值是 1。
- stroke：设置边框颜色，不设置时，默认没有边框。
- strokeDashArray：设置边框间隙。默认值是 []。
- strokeDashOffset：边框绘制起点的偏移量。默认值是 0。
- strokeLineCap：设置边框端点绘制样式。默认值是 LineCapStyle.Butt。
- strokeLineJoin：设置边框拐角绘制样式。默认值是 LineJoinStyle.Miter。
- strokeMiterLimit：设置斜接长度与边框宽度比值的极限值。默认值是 4。
- strokeOpacity：设置边框透明度。默认值是 1。
- strokeWidth：设置边框宽度。默认值是 1。
- antiAlias：是否开启抗锯齿效果。默认值是 true。
- mesh：设置 mesh 效果。第一个参数为长度 (column + 1)×(row + 1)×2 的数组，它记录了扭曲后的位图各个顶点的位置，第二个参数为 mesh 矩阵列数 column，第三个参数为 mesh 矩阵行数 row。

Shape 示例如下：

```
// 在 Shape 的 (-2, 118) 点绘制一个 300×10 的直线路径，颜色为 0x317AF7，边框颜色为黑色，宽
度为 4，间隙为 20，向左偏移 10，线条两端样式为半圆，拐角样式为圆角，抗锯齿（默认开启）
Shape() {
  Rect().width(300).height(50)
  Ellipse().width(300).height(50).offset({ x: 0, y: 60 })
  Path().width(300).height(10).commands('M0 0 L900 0').offset({ x: 0, y: 120 })
}
.viewPort({ x: -2, y: -2, width: 304, height: 130 })
.fill(0x317AF7)
.stroke(Color.Black)
.strokeWidth(4)
.strokeDashArray([20])
.strokeDashOffset(10)
.strokeLineCap(LineCapStyle.Round)
.strokeLineJoin(LineJoinStyle.Round)
.antiAlias(true)
```

// 分别在 Shape 的 (0，0)、(-5，-5) 点绘制一个 300×50 的带边框的矩形，可以看出之所以将视口
的起始位置坐标设为负值，是因为绘制的起点默认为线宽的中点位置，因此要让边框完全显示，则需要让视口偏
移半个线宽

```
Shape() {
  Rect().width(300).height(50)
}
.viewPort({ x: 0, y: 0, width: 320, height: 70 })
.fill(0x317AF7)
.stroke(Color.Black)
.strokeWidth(10)
```

// 在 Shape 的 (0，-5) 点绘制一条直线路径，颜色为 0xEE8443，线条宽度为 10，线条间隙为 20

```
Shape() {
  Path().width(300).height(10).commands('M0 0 L900 0')
}
.viewPort({ x: 0, y: -5, width: 300, height: 20 })
.stroke(0xEE8443)
.strokeWidth(10)
.strokeDashArray([20])
```

// 在 Shape 的 (0，-5) 点绘制一条直线路径，颜色为 0xEE8443，线条宽度为 10，线条间隙为 20，向
左偏移 10

```
Shape() {
  Path().width(300).height(10).commands('M0 0 L900 0')
}
.viewPort({ x: 0, y: -5, width: 300, height: 20 })
.stroke(0xEE8443)
.strokeWidth(10)
.strokeDashArray([20])
.strokeDashOffset(10)
```

// 在 Shape 的 (0，-5) 点绘制一条直线路径，颜色为 0xEE8443，线条宽度为 10，透明度为 0.5

```
Shape() {
  Path().width(300).height(10).commands('M0 0 L900 0')
}
.viewPort({ x: 0, y: -5, width: 300, height: 20 })
.stroke(0xEE8443)
.strokeWidth(10)
.strokeOpacity(0.5)
```

// 在 Shape 的 (0，-5) 点绘制一条直线路径，颜色为 0xEE8443，线条宽度为 10，线条间隙为 20，线
条两端样式为半圆

```
Shape() {
  Path().width(300).height(10).commands('M0 0 L900 0')
}
.viewPort({ x: 0, y: -5, width: 300, height: 20 })
.stroke(0xEE8443)
.strokeWidth(10)
.strokeDashArray([20])
.strokeLineCap(LineCapStyle.Round)
```

```
// 在 Shape 的 (-80，-5) 点绘制一个封闭路径，颜色为 0x317AF7，线
条宽度为 10，边框颜色为 0xEE8443，拐角样式为锐角（默认值）
Shape() {
  Path().width(200).height(60).commands('M0 0 L400 0
L400 150 Z')
}
.viewPort({ x: -80, y: -5, width: 310, height: 90 })
.fill(0x317AF7)
.stroke(0xEE8443)
.strokeWidth(10)
.strokeLineJoin(LineJoinStyle.Miter)
.strokeMiterLimit(5)
```

上述示例界面效果如图 4-29 所示。

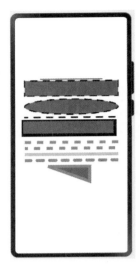

图 4-29 Shape 效果

4.4 画布组件详解

声明式开发范式目前可供选择的画布组件有 Canvas。与 Canvas 配合使用的还有 CanvasRenderingContext2D、CanvasGradient、ImageBitmap、ImageData、OffscreenCanvasRenderingContext2D、Path2D 等对象。

以下是 Canvas 示例：

```
private renderingContextSettings: RenderingContextSettings = new
RenderingContextSettings(true)

// 使用 RenderingContext 在 Canvas 组件上进行绘制，绘制对象可以是矩形、文本、图片等
private canvasRenderingContext2D: CanvasRenderingContext2D = new
CanvasRenderingContext2D(this.renderingContextSettings)


Canvas(this.canvasRenderingContext2D)
  .width('100%')
  .height('100%')
  //onReady 是 Canvas 组件初始化完成时的事件回调，该事件之后 Canvas 组件的宽、高确定且可获取
  .onReady(() => {
    // 绘制矩形
    this.canvasRenderingContext2D.fillRect(0, 30, 100, 100)
  })
```

上述示例通过 CanvasRenderingContext2D 来实例化一个 Canvas，而后通过 CanvasRenderingContext2D 的 fillRect 来绘制一个矩形。

上述示例界面效果如图 4-30 所示。

以下是 Canvas 绘制贝赛尔曲线的示例：

```
// 绘制贝赛尔曲线
this.canvasRenderingContext2D.beginPath()
this.canvasRenderingContext2D.moveTo(170, 10)
this.canvasRenderingContext2D.bezierCurveTo(20, 100, 200, 100, 200, 20)
this.canvasRenderingContext2D.stroke()
```

上述示例通过 CanvasRenderingContext2D 绘制了贝赛尔曲线，界面效果如图 4-31 所示。

以下是 Canvas 绘制渐变对象的示例：

```
// 绘制渐变对象
var grad = this.canvasRenderingContext2D.createLinearGradient(150, 0, 300, 100)
grad.addColorStop(0.0, 'red')
grad.addColorStop(0.5, 'white')
grad.addColorStop(1.0, 'green')
this.canvasRenderingContext2D.fillStyle = grad
this.canvasRenderingContext2D.fillRect(200, 0, 100, 100)
```

上述示例通过 CanvasRenderingContext2D 绘制了渐变对象，界面效果如图 4-32 所示。

图 4-30　Canvas 绘制
矩形效果

图 4-31　Canvas 绘制贝赛尔
曲线效果

图 4-32　Canvas 绘制渐变
对象效果

4.5　常用布局

ArkUI 的常用布局主要分为两大类：自适应布局和响应式布局。

4.5.1　自适应布局

自适应布局包含以下 4 类。

1 线性布局

线性布局（LinearLayout）是开发中最常用的布局。线性布局的子组件在线性方向（水平方向和垂直方向）上依次排列。

通过线性容器 Row 和 Column 实现线性布局。Column 容器内的子组件按照垂直方向排列，Row 组件中的子组件按照水平方向排列。

线性布局的排列方向由所选容器组件决定。根据不同的排列方向，选择使用 Row 或 Column 容器创建线性布局，通过调整 space、alignItems、justifyContent 属性，可以调整子组件之间的间距，并设置水平和垂直方向上的对齐方式。

- 通过 space 参数设置主轴（排列方向）上子组件的间距，达到各子组件在排列方向上的等间距效果。
- 通过 alignItems 属性设置子组件在交叉轴（排列方向的垂直方向）上的对齐方式，且在各类尺寸屏幕中表现一致。其中，交叉轴为垂直方向时，取值为 VerticalAlign 类型，水平方向取值为 HorizontalAlign 类型。
- 通过 justifyContent 属性设置子组件在主轴（排列方向）上的对齐方式，实现布局的自适应均分能力，取值为 FlexAlign 类型。

2 层叠布局

层叠布局（StackLayout）用于在屏幕上预留一块区域来显示组件中的元素，提供元素可以重叠的布局。层叠布局通过层叠容器 Stack 实现，容器中的子元素依次入栈，后一个子元素覆盖前一个子元素显示。

层叠布局可以设置子元素在容器内的对齐方式，支持 TopStart（左上）、Top（上中）、TopEnd（右上）、Start（左）、Center（中）、End（右）、BottomStart（左下）、Bottom（中下）、BottomEnd（右下）9 种对齐方式。

3 弹性布局

弹性布局（FlexLayout）是自适应布局中使用最为灵活的布局。弹性布局提供一种更加有效的方式来对容器中的子组件进行排列、对齐和分配空白空间。弹性布局包括以下概念。

- 容器：Flex 组件作为 Flex 布局的容器，用于设置布局相关属性。
- 子组件：Flex 组件内的子组件自动成为布局的子组件。
- 主轴：Flex 组件布局方向的轴线，子组件默认沿着主轴排列。主轴开始的位置称为主轴起始端，结束位置称为主轴终点端。
- 交叉轴：垂直于主轴方向的轴线。交叉轴起始的位置称为主轴首部，结束位置称为交叉轴尾部。

弹性布局示意图如图 4-33 所示。

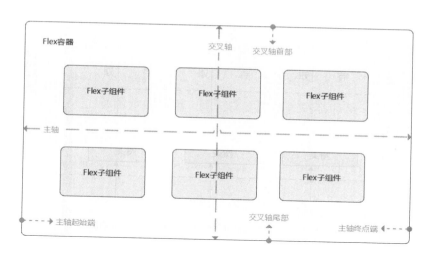

图 4-33 弹性布局示意图

4 网格布局

网格布局（GridLayout）是自适应布局中一种重要的布局，具备较强的页面均分能力和子组件占比控制能力。网格布局通过 Grid 容器组件和子组件 GridItem 实现，Grid 用于设置网格布局相关参数，GridItem 用于定义子组件相关特征。

4.5.2 响应式布局

响应式布局包含以下两类。

1 栅格布局

栅格系统作为一种辅助布局的定位工具，在平面设计和网站设计中都起到了很好的作用，对移动设备的界面设计有较好的借鉴作用。

栅格组件 GridRow 和 GridCol 提供了更灵活、更全面的栅格系统实现方案。GridRow 为栅格容器组件，只与栅格子组件 GridCol 在栅格布局场景中使用。

2 媒体查询

媒体查询（Media Query）作为响应式设计的核心，在移动设备上应用十分广泛。它根据不同设备类型或同设备不同状态修改应用的样式。

4.6 实战：使用 ArkUI 实现"登录"页面

本节主要介绍在 App 中常见的"登录"页面的实现。本示例的"登录"页面使用 Column 容器组件布局，由 Image、TextInput、Button、Text 等基础组件构成。最终的界面效果如图 4-34 所示。

打开 DevEco Studio，选择一个 Empty Ability 工程模板，创建一个名为 ArkUILogin 的工程为演示示例。

4.6.1 使用 Column 容器实现整体布局

"登录"页面的子组件都按照垂直方向排列，因此使用的是 Column 容器。代码如下：

```
@Entry
@Component
struct Index {
  build() {
    // 子组件都按照垂直方向排列
    Column() {
    }
    .width('100%')
  }
}
```

图 4-34 效果图

上述 width('100%') 用于设置容器的宽度为 100%。

4.6.2 使用 Image 组件实现标志展示

"登录"页面的标志是图片，因此使用 Image 组件来实现。代码如下：

```
// 子组件都按照垂直方向排列
Column() {
    // 页面的标志是图片
    Image($r('app.media.waylau_181_181'))
    .width(181)
    .height(181)
    .margin({ top: 80, bottom: 80 })
}
.width('100%')
```

其中，Image 设置了宽、高以及白边，Image 所引用的图片资源 waylau_181_181.jpg 放置在 src/main/resources/base/media 目录下。

4.6.3 使用 TextInput 组件实现账号和密码的输入

"登录"页面在标志的下方增加了两个 TextInput 组件，分别用于实现账号和密码的输入。代码如下：

```
// 账号
TextInput({ placeholder: '请输入账号' })
.maxLength(80)
.type(InputType.Number)

// 密码
TextInput({ placeholder: '请输入密码' })
```

```
.maxLength(80)
.type(InputType.Password)
```

type 方法用于指定输入框的类型。其中 InputType.Number 限制只能输入数字，而 InputType.Password 专门用于输入密码。

4.6.4　使用 Button 组件实现"登录"按钮

"登录"页面在输入框的下方增加了一个 Button 组件，以实现"登录"按钮。代码如下：

```
// 登录
Button(('登录'), { type: ButtonType.Capsule })
.width(140)
.fontSize(40)
.fontWeight(FontWeight.Medium)
.margin({ top: 80, bottom: 20 })
```

type 方法用于指定"登录"按钮的样式，本例 ButtonType.Capsule 为胶囊样式。

4.6.5　使用 Text 组件实现"注册"按钮

在"登录"按钮的下方增加一个 Text 组件，以实现"注册"按钮。代码如下：

```
// 注册
Text('注册')
.fontColor(Color.Blue)
.fontSize(40)
.fontWeight(FontWeight.Medium)
```

fontColor 方法用于指定字体颜色，本例 Color.Blue 为蓝色样式。

4.6.6　完整代码

最终，整个例子的完整示例代码如下：

```
@Entry
@Component
struct Index {
  build() {
    // 子组件都按照垂直方向排列
    Column() {
      // 页面的标志是图片
      Image($r('app.media.waylau_181_181'))
        .width(181)
        .height(181)
        .margin({ top: 80, bottom: 80 })

      // 账号
      TextInput({ placeholder: '请输入账号' })
        .maxLength(80)
        .type(InputType.Number)
```

```
    // 密码
    TextInput({ placeholder: '请输入密码' })
      .maxLength(80)
      .type(InputType.Password)
    // 登录
    Button(('登录'), { type: ButtonType.Capsule })
      .width(140)
      .fontSize(40)
      .fontWeight(FontWeight.Medium)
      .margin({ top: 80, bottom: 20 })
    // 注册
    Text('注册')
      .fontColor(Color.Blue)
      .fontSize(40)
      .fontWeight(FontWeight.Medium)
  }
  .width('100%')
  }
}
```

4.7 实战：使用 ArkUI 实现"计算器"

本节主要介绍如何使用 ArkUI 实现一个"计算器"应用，内容涉及 UI 布局、事件响应、状态管理、自定义组件等，相当于是对 ArkUI 的一个综合应用。"计算器"最终的界面效果如图 4-35 所示。

打开 DevEco Studio，选择一个 Empty Ability 工程模板，创建一个名为 ArkUICalculator 的工程为演示示例。

4.7.1 新增 Calculator.ets 的文件

在 src → main → ets 目录中下，创建一个名为 Calculator.ets 的文件。该文件主要实现"计算器"的核心计算逻辑。代码如下：

```
/**
 * 计算器的计算逻辑
 */
export class Calculator {

}
```

图 4-35 "计算器"效果图

4.7.2 实现递归运算

在 Calculator.ets 文件中添加 recursiveCompute 方法，代码如下：

```
/**
 * 计算器的计算逻辑
 */
export class Calculator {
  /**
   * 递归计算直至完成，一次计算一对数，从左往右，乘除法优先于加减法
   * @param split
   * 例: split = ['1.1', '-', '0.1', '+', '2', '×', '3', '÷', '4']
   * 第 1 次: split = ['1.1', '-', '0.1', '+', '6', '÷', '4']
   * 第 2 次: split = ['1.1', '-', '0.1', '+', '1.5']
   * 第 3 次: split = ['1', '+', '1.5']
   * 第 4 次: split = ['2.5']
   */
  private static recursiveCompute(split: string[]): string[] {
    var symbolIndex        // 符号索引
    // 先寻找乘除符号
    for (var i = 0;i < split.length; i++) {
      if (split[i].match(RegExp('^(×|÷)$')) != null) {
        symbolIndex = i
        break
      }
    }
    // 若没找到乘除符号，则寻找加减符号
    if (symbolIndex == null) {
      for (var j = 0;j < split.length; j++) {
        if (split[j].match(RegExp('^(\\+|-)$')) != null) {
          symbolIndex = j
          break
        }
      }
    }
    if (symbolIndex == null) { // 若没找到运算符号，则表明计算结束，返回结果
      return split
    } else {                   // 若找到运算符号，则运算后继续寻找运算
      var num1 = +split[symbolIndex-1]
      var symbo1 = split[symbolIndex]
      var num2 = +split[symbolIndex+1]
      var result = 0
      switch (symbo1) {
        case '+':
          result = num1 + num2
          break
        case '-':
          result = num1 - num2
          break
        case '×':
          result = num1 * num2
          break
        case '÷':
          result = num1 / num2
```

```
        break
      }
      split = split.slice(0, symbolIndex - 1).concat('${result}').
concat(split.slice(symbolIndex + 2))
      return Calculator.recursiveCompute(split)
    }
  }
}
```

recursiveCompute 方法是一个递归计算的方法，主要用于实现算式的递归运算。比如，输入如下的字符串数组：

```
['1.1', '-', '0.1', '+', '2', '×', '3', '÷', '4']
```

根据四则运算的法则，会先计算"乘除"，再计算"加减"，因此，第一次会先执行"'2', '×','3'"，运算结果如下：

```
['1.1', '-', '0.1', '+', '6', '÷', '4']
```

同理，第二次的运算结果如下：

```
['1.1', '-', '0.1', '+', '1.5']
```

第三次的运算结果如下：

```
['1', '+', '1.5']
```

第四次的运算结果如下：

```
['2.5']
```

至此，递归运算结束。

4.7.3　实现将输入的字符串转为字符串数组

在 Calculator.ets 文件中添加 calculate 方法，实现将输入的字符串转为字符串数组。代码如下：

```
public static calculate(input: string): string {
    // 先将百分数转为小数
    input = input.replace(RegExp('(((\\d*\\.\\d*)|(\\d+))%)', 'g'), s =>
String(Number(s.replace(/%/, '')) / 100)) //input = '1.1-0.1+2×3÷4'
    // 要将 input 分隔为数与运算符，分隔节点的索引储保存在 splitIndex 中
    var splitIndex = [0]
    for (var i = 1;i < input.length; i++) {
      if (input[i].match(RegExp('(\\+|-|×|÷)')) != null) {
        splitIndex.push(i)
        splitIndex.push(i + 1)
        i++
      }
    }
    splitIndex.push(input.length) //splitIndex = [0, 3, 4, 7, 8, 9, 10, 11, 12,
13]
```

```
  // 分隔 input 为数与运算，并存储在 split 中
  var split = []
  for (var j = 0;j < splitIndex.length - 1; j++) {
    split.push(input.substring(splitIndex[j], splitIndex[j+1]))
  }
  //split = ['1.1', '-', '0.1', '+', '2', '×', '3', '÷', '4']
  return Calculator.recursiveCompute(split)[0] // 递归计算直至完成
}
```

4.7.4 新增 CalculatorButtonInfo.ets 文件

在 src → main → ets 目录中下，创建一个名为 CalculatorButtonInfo.ets 的文件。该文件主要表示"计算器"的按钮样式信息。代码如下：

```
// 按钮样式信息
export class CalculatorButtonInfo {
  text: string            // 按钮上的文字
  textColor: number       // 文字的颜色
  bgColor: number         // 按钮背景颜色

  constructor(text: string, textColor: number = Color.Black, bgColor: number =
Color.White) {
    this.text = text
    this.textColor = textColor
    this.bgColor = bgColor
  }
}
```

其中，text 是按钮上的文字，textColor 是文字的颜色，bgColor 是按钮背景颜色。

4.7.5 实现 CalculatorButton 组件

计算器按钮 CalculatorButton 组件的实现方式如下：

```
// 导入 CalculatorButtonInfo
import { CalculatorButtonInfo } from '../CalculatorButtonInfo';


// 构造计算器按钮
@Builder CalculatorButton(btnInfo: CalculatorButtonInfo) { // 计算器按钮组件
  GridItem() {
    Text(btnInfo.text) // 文本
      .fontSize(50)
      .fontWeight(FontWeight.Bold)
      .width('100%')
      .height('100%')
      .textAlign(TextAlign.Center)
      .borderRadius(100) // 圆角
      .fontColor(btnInfo.textColor) // 字体颜色
      .backgroundColor(btnInfo.bgColor) // 背景颜色
  }
```

```
      .forceRebuild(false)
      .onClick(() => this.onClickBtn(btnInfo.text))
      .rowStart(btnInfo.text == '=' ? 4 : null)
      .rowEnd(btnInfo.text == '=' ? 5 : null) // 等于按钮占两格，其他按钮默认
  }
```

上述代码中，CalculatorButton 组件的实现主要是对 GridItem 做了封装。通过传入的 CalculatorButtonInfo 来实现计算器按钮的显示样式的个性化显示。

同时，CalculatorButton 也设置了单击事件，以触发 onClickBtn 方法。onClickBtn 方法的代码如下：

```
// 导入 Calculator
import { Calculator } from '../Calculator';

@State input: string = '' // 输入内容

// 单击计算器按钮
onClickBtn = (text: string) => {
  switch (text) {
    case 'C': // 清空所有输入
      this.input = ''
      break
    case ' ← ': // 删除输入的最后一个字符
      if (this.input.length > 0) {
        this.input = this.input.substring(0, this.input.length - 1)
      }
      break
    case '=': // 计算结果
      this.input = Calculator.calculate(this.input)
      break
    default: // 输入内容
      this.input += text
      break
  }
}
```

上述 onClickBtn 方法会将计算器按钮所单击的对应文字进行拼接，并最终调用 Calculator. calculate 来执行计算。

4.7.6 构造整体页面

现在将 CalculatorButton 组件进行组装，成为一个完整的计算器界面。代码如下：

```
@Entry
@Component
struct Index {
  private BTN_INFO_ARRAY: CalculatorButtonInfo[] = [ // 所有按钮样式信息
    new CalculatorButtonInfo('C', Color.Blue),
    new CalculatorButtonInfo('÷', Color.Blue),
```

```
      new CalculatorButtonInfo('×', Color.Blue),
      new CalculatorButtonInfo('←', Color.Blue),
      new CalculatorButtonInfo('7'),
      new CalculatorButtonInfo('8'),
      new CalculatorButtonInfo('9'),
      new CalculatorButtonInfo('-', Color.Blue),
      new CalculatorButtonInfo('4'),
      new CalculatorButtonInfo('5'),
      new CalculatorButtonInfo('6'),
      new CalculatorButtonInfo('+', Color.Blue),
      new CalculatorButtonInfo('1'),
      new CalculatorButtonInfo('2'),
      new CalculatorButtonInfo('3'),
      new CalculatorButtonInfo('=', Color.White, Color.Blue),
      new CalculatorButtonInfo('%'),
      new CalculatorButtonInfo('0'),
      new CalculatorButtonInfo('.')
   ]

   build() {
     Stack({ alignContent: Alignment.Bottom }) {
       Column() {
         // 输入显示区
         Text(this.input.length == 0 ? '0' : this.input) // 输入内容，若没有内容显
示 0
           .width('100%')
           .padding(10)
           .textAlign(TextAlign.End)
           .fontSize(46)

         // 按键区
         Grid() {
           // 遍历生成按钮
           ForEach(this.BTN_INFO_ARRAY, btnInfo => this.
CalculatorButton(btnInfo))
         }
         .columnsTemplate('1fr 1fr 1fr 1fr') // 按钮比重分配
         .rowsTemplate('1fr 1fr 1fr 1fr 1fr')
         .columnsGap(2) // 按钮间隙
         .rowsGap(2)
         .width('100%')
         .aspectRatio(1) // 长宽比
       }
     }.width('100%').height('100%').backgroundColor(Color.Gray)
   }

   ...
 }
```

整体的计算器界面分为上下两部分。上面为输入显示区，主要是采用 Text 实现的；下面为按键区，通过 Grid 结合 CalculatorButtonInfo 来实现按键格子。每个 CalculatorButtonInfo 就是一个按键，所有按键的样式定义在 BTN_INFO_ARRAY 数组中。

4.7.7 运行

可以在预览器中直接运行该应用。界面效果如图 4-36 所示。

最终计算结果界面效果如图 4-37 所示。

图 4-36 "计算器"计算过程效果图

图 4-37 "计算器"计算结果效果图

4.8 总结

本章介绍了 HarmonyOS 的 UI 开发，重点是 ArkUI 的使用，内容包括声明式开发范式的概念、常用组件和常用布局。

4.9 习题

1. 判断题

（1）Column 容器中的子组件按照从上到下的垂直方向布局，其主轴的方向是垂直方向；Row 容器中的组件按照从左到右的水平方向布局，其主轴的方向是水平方向。（ ）

（2）Button 组件不能包含子组件。（ ）

（3）Resource 是资源引用类型，用于设置组件属性的值，可以定义组件的颜色、文本大小、组件大小等属性。（ ）

2. 单选题

（1）使用 TextInput 完成一个密码输入框，推荐设置 type 属性为下面哪个值？（　　）

A. InputType.Normal
B. InputType.Password
C. InputType.Email
D. InputType.Number

（2）使用 Image 加载网络图片时，需要以下那种权限？（　　）

A. ohos.permission.USE_BLUETOOTH
B. ohos.permission.INTERNET
C. ohos.permission.REQUIRE_FORM
D. ohos.permission.LOCATION

（3）下面哪个组件的层次结构是错误的？（　　）

A. Text>Span
B. Row>Button>Column
C. Image>Text
D. Column>Row

3. 多选题

（1）Row 容器的主轴是水平方向的，交叉轴是垂直方向的，其参数类型为 VerticalAlign（垂直对齐），VerticalAlign 定义了以下哪几种类型？（　　）

A. Top
B. Bottom
C. Start
D. End
E. Center

（2）下面哪些组件是容器组件？（　　）

A. Button
B. Row
C. Column
D. Image
E. TextInput

第5章

公共事件

HarmonyOS 通过公共事件服务为应用程序提供订阅、发布、退订公共事件的能力。

5.1 公共事件概述

在应用里面，往往会有事件。比如，朋友给我手机发了一条信息，未读信息会在手机的通知栏给出提示。

5.1.1 公共事件的分类

公共事件（Common Event Service，CES）根据事件发送方不同，可分为系统公共事件和自定义公共事件，如图 5-1 所示。

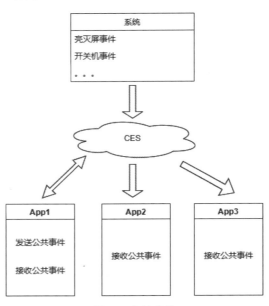

图 5-1 公共事件

- 系统公共事件：系统将收集到的事件信息根据系统策略发送给订阅该事件的用户程序。公共事件包括终端设备用户可感知的亮灭屏事件，以及系统关键服务发布的系统事件（例如 USB 插拔、网络连接、系统升级）等。
- 自定义公共事件：由应用自身定义的期望特定订阅者可以接收到的公共事件，这些公共事件往往与应用自身的业务逻辑相关。

每个应用都可以按需订阅公共事件，订阅成功且公共事件发布，系统会把其发送给应用。这些公共事件可能来自系统、其他应用和应用自身。

5.1.2 公共事件的开发

公共事件的开发主要涉及 3 部分，即公共事件订阅开发、公共事件发布开发和公共事件取消订阅开发。

1 公共事件订阅开发

当需要订阅某个公共事件，获取某个公共事件传递的参数时，可以创建一个订阅者对象，用于作为订阅公共事件的载体，订阅公共事件并获取公共事件传递而来的参数。订阅部分系统公共事件需要先申请权限，详见第 7 章。

公共事件订阅开发的接口如下：

- 创建订阅者对象 (callback)：createSubscriber(subscribeInfo: CommonEventSubscribeInfo, callback: AsyncCallback)。
- 创建订阅者对象 (promise)：createSubscriber(subscribeInfo: CommonEventSubscribeInfo)。
- 订阅公共事件：subscribe(subscriber: CommonEventSubscriber, callback: AsyncCallback)。

2 公共事件发布开发

当需要发布某个自定义公共事件时，可以通过此方法发布事件。发布的公共事件可以携带数据，供订阅者解析并进行下一步处理。

公共事件发布开发的接口如下：

- 发布公共事件：publish(event: string, callback: AsyncCallback)。
- 指定发布信息并发布公共事件：publish(event: string, options: CommonEventPublishData, callback: AsyncCallback)。

3 公共事件取消订阅开发

订阅者需要取消已订阅的某个公共事件时，可以通过此方法取消订阅事件。

公共事件取消订阅开发的接口如下：

- 取消订阅公共事件：unsubscribe(subscriber: CommonEventSubscriber, callback?: AsyncCallback)。

⚙ 5.2　实战：订阅、发布、取消公共事件　◀◀◀

本节主要演示如何实现公共事件的订阅、发布和取消操作。

打 开 DevEco Studio， 选 择 一 个 Empty Ability 工 程 模 板， 创 建 一 个 名 为 ArkTSCommonEventService 的工程为演示示例。

5.2.1　添加按钮

在 Index.ets 的 Text 组件下，添加 4 个按钮，代码如下：

```
// 创建订阅者
Button((' 创建订阅者 '), { type: ButtonType.Capsule })
    .fontSize(40)
    .fontWeight(FontWeight.Medium)
    .margin({ top: 10, bottom: 10 })
    .onClick(() => {
    this.createSubscriber()
    })

// 订阅事件
Button((' 订阅事件 '), { type: ButtonType.Capsule })
    .fontSize(40)
    .fontWeight(FontWeight.Medium)
    .margin({ top: 10, bottom: 10 })
    .onClick(() => {
    this.subscriberCommonEvent()
    })

// 发送事件
Button((' 发送事件 '), { type: ButtonType.Capsule })
    .fontSize(40)
    .fontWeight(FontWeight.Medium)
    .margin({ top: 10, bottom: 10 })
    .onClick(() => {
    this.publishCommonEvent()
    })

// 发送事件
Button((' 取消订阅 '), { type: ButtonType.Capsule })
    .fontSize(40)
    .fontWeight(FontWeight.Medium)
    .margin({ top: 10, bottom: 10 })
    .onClick(() => {
    this.unsubscribeCommonEvent()
    })
```

其中4个按钮都设置了onClick单击事件，分别来触发创建订阅者、订阅事件、发送事件以及取消订阅的操作。

界面效果如图 5-2 所示。

5.2.2　添加 Text 显示接收的事件

为了能显示接收到的事件的信息，在 4 个按钮下添加一个 Text 组件，代码如下：

```
// 用于接收事件数据
@State eventData: string = ''

...

// 接收到的事件数据
Text(this.eventData)
    .fontSize(50)
    .fontWeight(FontWeight.Bold)
```

图 5-2　界面效果

Text 组件的显示内容通过 @State 绑定了 eventData 变量。当 eventData 变量变化时，Text 的显示内容也会实时更新。

5.2.3　设置按钮的单击事件方法

4 个按钮的单击事件方法如下：

```
// 用于保存创建成功的订阅者对象，后续使用其完成订阅及退订的动作
private subscriber = null

...

private createSubscriber() {
if (this.subscriber) {
    this.message = "subscriber already created";
} else {
    commonEvent.createSubscriber({          // 创建订阅者
    events: ["testEvent"]                   // 指定订阅的事件名称
    }, (err, subscriber) => {               // 创建结果的回调
    if (err) {
        this.message = "create subscriber failure"
    } else {
        this.subscriber = subscriber;       // 创建订阅成功
        this.message = "create subscriber success";
    }
    })
}
}

private subscriberCommonEvent() {
if (this.subscriber) {
    // 根据创建的 subscriber 开始订阅事件
```

```
    commonEvent.subscribe(this.subscriber, (err, data) => {
    if (err) {
        // 异常处理
        this.eventData = "subscribe event failure: " + err;
    } else {
        // 接收到事件
        this.eventData = "subscribe event success: " + JSON.stringify(data);
    }
    })
} else {
    this.message = "please create subscriber";
}
}

private publishCommonEvent() {
// 发布公共事件
commonEvent.publish("testEvent", (err) => { // 结果回调
    if (err) {
    this.message = "publish event error: " + err;
    } else {
    this.message = "publish event with data success";
    }
})
}

private unsubscribeCommonEvent() {
if (this.subscriber) {
    commonEvent.unsubscribe(this.subscriber, (err) => { // 取消订阅事件
    if (err) {
        this.message = "unsubscribe event failure: " + err;
    } else {
        this.subscriber = null;
        this.message = "unsubscribe event success";
    }
    })
} else {
    this.message = "already subscribed";
}
}
```

subscriber 是作为订阅者的变量。createSubscriber() 方法用于创建订阅者。subscriberCommonEvent() 方法用于订阅事件。publishCommonEvent() 方法用于发布公共事件。unsubscribeCommonEvent() 方法用于取消订阅。

5.2.4 运行

创建订阅者界面效果如图 5-3 所示。

单击"订阅事件"按钮并单击"发送事件"按钮后，界面效果如图 5-4 所示。

图 5-3　创建订阅者

图 5-4　发送事件

可以看到，订阅者已经能够正确接收事件，并将事件的信息显示在了页面上。

5.3　总结

本章介绍了在 HarmonyOS 中的公共事件的概念以及用法，并演示了公共事件的订阅、发布和取消操作。

5.4　习题

1. 判断题

（1）事件方法：用于添加组件对事件的响应逻辑，统一通过事件方法进行设置，如跟随在 Button 后面的 onClick()。（　　）

（2）公共事件的开发主要涉及 3 部分，即公共事件订阅开发、公共事件发布开发和公共事件取消订阅开发。（　　）

2. 多选题

公共事件（Common Event Service，CES）根据事件发送方不同可分为哪几类？（　　）

A. 系统公共事件

B. 自定义公共事件

第6章

窗口管理

HarmonyOS 通过窗口模块实现在同一块物理屏幕上提供多个应用界面显示和交互。

6.1 窗口开发概述

HarmonyOS 通过窗口模块实现窗口管理，包括：

- 针对应用开发者，提供了界面显示和交互能力。
- 针对终端用户，提供了控制应用界面的方式。
- 针对整个操作系统，提供了不同应用界面的组织管理逻辑。

6.1.1 应用窗口的分类

应用窗口是指与应用显示相关的窗口。根据显示内容的不同，应用窗口又分为应用主窗口和应用子窗口两种类型。

- 应用主窗口：应用主窗口用于显示应用界面，会在"任务管理"界面显示。
- 应用子窗口：应用子窗口用于显示应用的弹窗、悬浮窗等辅助窗口，不会在"任务管理"界面显示。

6.1.2 窗口模块的用途

窗口提供管理窗口的一些基础能力，包括对当前窗口的创建、销毁、各属性的设置，以及对各窗口间的管理调度。

该模块提供以下窗口相关的常用功能。

- Window：当前窗口实例，窗口管理器管理的基本单元。
- WindowStage：窗口管理器，用于管理各个基本窗口单元。

在 HarmonyOS 中，窗口模块的主要职责如下：

- 提供应用和系统界面的窗口对象。应用开发者通过窗口加载 UI 界面，实现界面显示功能。

- 组织不同窗口的显示关系，即维护不同窗口间的叠加层次和位置属性。应用和系统的窗口具有多种类型，不同类型的窗口具有不同的默认位置和叠加层次（Z 轴高度）。同时，用户操作也可以在一定范围内对窗口的位置和叠加层次进行调整。
- 提供窗口装饰。窗口装饰指窗口标题栏和窗口边框。窗口标题栏通常包括窗口最大化、最小化及关闭按钮等界面元素，具有默认的单击行为，方便用户进行操作；窗口边框则方便用户对窗口进行拖曳缩放等行为。窗口装饰是系统的默认行为，开发者可选择启用/禁用，无须关注 UI 代码层面的实现。
- 提供窗口动效。在窗口显示、隐藏及窗口间切换时，窗口模块通常会添加动画效果，以使各个交互过程更加连贯流畅。在 HarmonyOS 中，应用窗口的动效为默认行为，不需要开发者进行设置或者修改。
- 指导输入事件分发，即根据当前窗口的状态或焦点进行事件的分发。触摸和鼠标事件根据窗口的位置和尺寸进行分发，而键盘事件会被分发至焦点窗口。应用开发者可以通过窗口模块提供的接口设置窗口是否可以触摸和是否可以获焦。

6.1.3　窗口沉浸式能力

窗口沉浸式能力是指对状态栏、导航栏等系统窗口进行控制，减少状态栏、导航栏等系统界面的突兀感，从而使用户获得最佳体验的能力。

沉浸式能力只在应用主窗口作为全屏窗口时生效。通常情况下，应用子窗口（弹窗、悬浮窗口等辅助窗口）和处于自由窗口下的应用主窗口无法使用沉浸式能力。

6.2　窗口管理

在 Stage 模型下，管理应用窗口的典型场景有：

- 设置应用主窗口的属性及目标页面。
- 设置应用子窗口的属性及目标页面。
- 体验窗口沉浸式能力。

6.2.1　设置应用主窗口的属性及目标页面

在 Stage 模型下，应用主窗口由 Ability 创建并维护生命周期。在 Ability 的 onWindowStageCreate 回调中，通过 WindowStage 获取应用主窗口，即可对其进行属性设置等操作。

常用 API 如下。

- getMainWindow(callback: AsyncCallback<Window>)：获取 WindowStage 实例下的主窗口。
- loadContent(path: string, callback: AsyncCallback<void>)：为当前 WindowStage 的主窗口加载具体页面。
- setBrightness(brightness: number, callback: AsyncCallback<void>)：设置屏幕亮度值。
- setTouchable(isTouchable: boolean, callback: AsyncCallback<void>)：设置窗口是否为可触状态。

6.2.2 设置应用子窗口的属性及目标页面

开发者可以按需创建应用子窗口，如弹窗等，并对其进行属性设置等操作。

常用 API 如下。

- createSubWindow(name: string, callback: AsyncCallback<Window>)：创建子窗口。
- loadContent(path: string, callback: AsyncCallback<void>)：为当前窗口加载具体页面。
- show(callback: AsyncCallback<void>)：显示当前窗口。

6.2.3 体验窗口沉浸式能力

在看视频、玩游戏等场景下，用户往往希望隐藏状态栏、导航栏等不必要的系统窗口，从而获得更佳的沉浸式体验。此时可以借助窗口沉浸式能力达到预期效果。窗口沉浸式能力都是针对应用主窗口而言的。

实现沉浸式效果有以下两种方式：

- 调用 setFullScreen 接口，设置应用主窗口为全屏显示，此时导航栏、状态栏将隐藏，从而达到沉浸式效果。
- 调用 setSystemBarEnable 接口，设置导航栏、状态栏不显示，从而达到沉浸式效果。

6.3 实战：实现窗口沉浸式效果

本节演示窗口管理的常用操作，包括应用主窗口的操作以及窗口沉浸式能力的使用。

打开 DevEco Studio，选择一个 Empty Ability 工程模板，创建一个名为 ArkTSWindow 的工程为演示示例。

6.3.1 修改 onWindowStageCreate 方法

修改 EntryAbility.ets 的 onWindowStageCreate 方法，在 windowStage.loadContent 方法之前添加如下内容：

```
onWindowStageCreate(windowStage: Window.WindowStage) {
    ...
    // 获取应用主窗口
    let windowClass = null;
    windowStage.getMainWindow((err, data) => {
        if (err.code) {
        console.error('Failed to obtain the main window. Cause: ' + JSON.
stringify(err));
        return;
        }
        windowClass = data;
```

```
        console.info('Succeeded in obtaining the main window. Data: ' + JSON.
stringify(data));

        // 实现沉浸式效果，设置应用主窗口为全屏显示
        let isFullScreen = true;
        windowClass.setFullScreen(isFullScreen, (err) => {
        if (err) {
            console.error('Failed to enable the full-screen mode. Cause:' +
JSON.stringify(err));
            return;
        }
        console.info('Succeeded in enabling the full-screen mode.');
        });

    })

        ...

    }
```

上述代码中，windowStage.getMainWindow 方法获取到了应用主窗口，并通过 windowClass.setFullScreen 方法来将应用的主窗口设置为全屏显示。

6.3.2 运行

未设置全屏显示的界面效果如图 6-1 所示。

设置全屏显示的界面效果如图 6-2 所示。

图 6-1 未设置全屏显示

图 6-2 全屏显示

可以看到，全屏显示的界面没有了状态栏。

6.4　总结

本章介绍 HarmonyOS 的窗口管理，内容包括应用主窗口管理、应用子窗口管理以及窗口沉浸式能力的实现。

6.5　习题

1. 判断题

（1）窗口沉浸式能力是指对状态栏、导航栏等系统窗口进行控制，减少状态栏、导航栏等系统界面的突兀感，从而使用户获得最佳体验的能力。（　　）

（2）沉浸式能力只在应用主窗口作为全屏窗口时生效。通常情况下，应用子窗口（弹窗、悬浮窗口等辅助窗口）和处于自由窗口下的应用主窗口无法使用沉浸式能力。（　　）

2. 多选题

应用窗口可分为哪几类？（　　）

A. 应用主窗口　　　　　　　　B. 应用子窗口　　　　　　　　C. 应用父窗口

网络编程

本章介绍 HarmonyOS 的网络编程，内容包括 HTTP 数据请求以及 Web 组件的使用。

7.1 HTTP 数据请求概述

HTTP（Hyper Text Transfer Protocol，超文本传输协议）是一个简单的请求—响应协议，它通常运行在 TCP 之上。它指定了客户端可能发送给服务器什么样的消息以及得到什么样的响应。这个简单模型是当前 Web 繁荣的有功之臣。

HarmonyOS 的 http 模块支持发起 HTTP 请求，从服务端获取数据。例如，新闻应用可以从新闻服务器中获取新的热点新闻，从而给用户打造更加丰富、更加实用的体验。按照以下方式来导入 http 模块：

```
// 导入 http 模块
import http from '@ohos.net.http';
```

7.1.1 HTTP 请求方法

根据 HTTP 标准，HTTP 请求可以使用多种请求方法。常用的请求方法如下。

- GET：请求指定的页面信息，并返回实体主体。
- HEAD：类似于 GET 请求，只不过返回的响应中没有具体的内容，用于获取报头。
- POST：向指定资源提交数据并处理请求（例如提交表单或者上传文件）。数据被包含在请求体中。POST 请求可能会导致新的资源的建立和／或已有资源的修改。
- PUT：使用从客户端向服务器传送的数据取代指定的文档内容。
- DELETE：请求服务器删除指定的页面。
- CONNECT：HTTP/1.1 协议中预留给能够将连接改为管道方式的代理服务器。
- OPTIONS：允许客户端查看服务器的性能。
- TRACE：回显服务器收到的请求，主要用于测试或诊断。
- PATCH：是对 PUT 方法的补充，用来对已知资源进行局部更新。

7.1.2 HTTP 状态码

当浏览者访问一个网页时，浏览者的浏览器会向网页所在服务器发出请求。当浏览器接收并显示网页时，此网页所在的服务器会返回一个包含 HTTP 状态码的信息头用以响应浏览器的请求。

下面是常见的 HTTP 状态码。

- 200：请求成功。
- 301：资源（网页等）被永久转移到其他 URL。
- 404：请求的资源（网页等）不存在。
- 500：内部服务器错误。

7.2 实战：通过 HTTP 请求数据

本节演示如何通过 HTTP 来向 Web 服务请求数据。为了演示该功能，创建一个名为 ArkTSHttp 的应用。在应用的界面上，通过单击按钮来触发 HTTP 请求的操作。

7.2.1 准备一个 HTTP 服务接口

HTTP 服务接口的地址为 https://waylau.com/data/people.json，通过调用该接口，可以返回如下 JSON 格式的数据：

```
[{"name": "Michael"},
{"name": "Andy Huang","age": 25,"homePage": "https://waylau.com/books"},
{"name": "Justin","age": 19},
{"name": "Way Lau","age": 35,"homePage": "https://waylau.com"}]
```

7.2.2 添加使用 Button 组件来触发单击

在初始化的 Text 组件的下方增加一个 Button 组件，以实现"请求"按钮。代码如下：

```
build() {
Row() {
    Column() {
    Text(this.message)
        .fontSize(38)
        .fontWeight(FontWeight.Bold)

    // 请求
    Button(('请求'), { type: ButtonType.Capsule })
        .width(140)
        .fontSize(40)
        .fontWeight(FontWeight.Medium)
        .margin({ top: 20, bottom: 20 })
        .onClick(() => {
            this.httpReq()
```

```
        })
    }
    .width('100%')
}
.height('100%')
}
```

当触发 onClick 事件时，会执行 httpReq 方法。

7.2.3 发起 HTTP 请求

httpReq 方法的实现如下：

```
// 导入 http 模块
import http from '@ohos.net.http';

...

private httpReq() {
    // 创建 httpRequest 对象
    let httpRequest = http.createHttp();

    let url = "https://waylau.com/data/people.json";

    // 发起 HTTP 请求
    let promise = httpRequest.request(
        // 请求 url 地址
        url,
        {
        // 请求方式
        method: http.RequestMethod.GET,
        // 可选，默认为 60s
        connectTimeout: 60000,
        // 可选，默认为 60s
        readTimeout: 60000,
        // 开发者根据自身业务需要添加 header 字段
        header: {
            'Content-Type': 'application/json'
        }
    });

    // 处理响应结果
    promise.then((data) => {
        if (data.responseCode === http.ResponseCode.OK) {
            console.info('Result:' + data.result);
            console.info('code:' + data.responseCode);
            this.message = JSON.stringify(data.result);
        }
    }).catch((err) => {
        console.info('error:' + JSON.stringify(err));
    });
}
```

上述代码演示了发起 HTTP 请求的基本流程：

- 导入 http 模块。
- 创建 httpRequest 对象。需要注意的是，每个 httpRequest 对象对应一个 HTTP 请求任务，不可复用。
- 通过 httpRequest 对象发起 HTTP 请求。
- 处理 HTTP 请求返回的结果，并赋值给 message 变量。
- 界面重新渲染显示了新的 message 变量值。

7.2.4 运行

运行应用显示的界面效果如图 7-1 所示。

单击"请求"按钮后发起 HTTP 请求，返回的结果显示在了界面上，效果如图 7-2 所示。

图 7-1 运行应用显示的界面效果

图 7-2 发起 HTTP 请求

7.3 Web 组件概述

ArkUI 为我们提供了 Web 组件来加载网页，借助它就相当于在自己的应用程序中嵌入一个浏览器，从而非常轻松地展示各种各样的网页。

7.3.1 加载本地网页

使用 Web 组件来加载本地网页非常简单，只需要创建一个 Web 组件，并传入两个参数就可以了。其中 src 指定引用的网页路径，controller 为组件的控制器，通过 controller 绑定 Web 组件，用于实现对 Web 组件的控制。

比如在 main/resources/rawfile 目录下有一个 HTML 文件 index.html，可以通过 $rawfile 引用本地网页资源，示例代码如下：

```
@Entry
@Component
struct SecondPage {
  controller: WebController = new WebController();

  build() {
    Column() {
      Web({ src: $rawfile('index.html'), controller: this.controller })
    }
  }
}
```

7.3.2 加载在线网页

使用 Web 组件来加载在线网页的示例代码如下：

```
@Entry
@Component
struct WebComponent {
  controller: WebController = new WebController();
  build() {
    Column() {
      Web({ src: 'https://waylau.com/', controller: this.controller })
    }
  }
}
```

访问在线网页时还需要在 module.json5 文件中声明网络访问权限：ohos.permission.INTERNET。

7.3.3 网页缩放

有的网页可能不能很好地适配手机屏幕，需要对其缩放才能有更好的效果，开发者可以根据需要给 Web 组件设置 zoomAccess 属性，zoomAccess 属性用于设置是否支持手势进行缩放，默认允许执行缩放。Web 组件默认支持手势进行缩放。代码如下：

```
Web({ src:'https://waylau.com/', controller:this.controller })
    .zoomAccess(true)
```

还可以使用 zoom(factor: number) 方法来设置网站的缩放比例。其中 factor 表示缩放倍数，下面的示例为，当单击一次按钮时，页面放大为原来的 1.5 倍。

```
@Entry
@Component
struct WebComponent {
  controller: WebController = new WebController();
  factor: number = 1.5;

  build() {
    Column() {
      Button('zoom')
```

```
      .onClick(() => {
        this.controller.zoom(this.factor);
      })
    Web({ src: 'https://waylau.com/', controller: this.controller })
  }
 }
}
```

7.3.4 文本缩放

如果需要对文本进行缩放，可以使用 textZoomAtio(textZoomAtio: number) 方法。其中 textZoomAtio 用于设置页面的文本缩放百分比，默认值为 100，表示 100%，以下示例代码将文本放大为原来的 1.5 倍。

```
Web({ src:'https://waylau.com/', controller:this.controller })
    .textZoomAtio(150)
```

7.3.5 Web 组件事件

Web 组件还提供了处理 JavaScript 的对话框、网页加载进度及各种通知与请求事件的方法。例如 onProgressChange 可以监听网页的加载进度，onPageEnd 在网页加载完成时触发该回调，且只在主 Frame 触发，onConfirm 则在网页触发 confirm 告警弹窗时触发回调。

7.3.6 Web 和 JavaScript 交互

在开发专为适配 Web 组件的网页时，可以实现 Web 组件和 JavaScript 代码之间的交互。Web 组件可以调用 JavaScript 方法，JavaScript 也可以调用 Web 组件中的方法。

1 Web 组件调用 JavaScript 方法

如果希望加载的网页在 Web 组件中运行 JavaScript，则必须为你的 Web 组件启用 JavaScript 功能，默认情况下是允许 JavaScript 执行的。

可以在 Web 组件的 onPageEnd 事件中添加 runJavaScript 方法。事件是网页加载完成时的回调，runJavaScript 方法可以执行 HTML 中的 JavaScript 脚本。

示例如下：

```
@Entry
@Component
struct WebComponent {
  controller: WebController = new WebController();
  @State webResult: string = ''
  build() {
    Column() {
      Text(this.webResult).fontSize(20)
      Web({ src: $rawfile('index.html'), controller: this.controller })
      .javaScriptAccess(true)
      .onPageEnd(e => {
        this.controller.runJavaScript({
```

```
        script: 'test()',
        callback: (result: string)=> {
          this.webResult = result
        }});
    })
  }
}

<!-- index.html -->
<!DOCTYPE html>
<html>
  <meta charset="utf-8">
  <body>
  </body>
  <script type="text/javascript">
  function test() {
      return "This value is from index.html"
  }
  </script>
</html>
```

当页面加载完成时，触发 onPageEnd 事件，调用 HTML 文件中的 test 方法并将结果返回给 Web 组件。

2 JavaScript 调用 Web 组件方法

可以使用 registerJavaScriptProxy 将 Web 组件中的 JavaScript 对象注入 window 对象中，这样网页中的 JavaScript 就可以直接调用该对象了。需要注意的是，要想 registerJavaScriptProxy 方法生效，必须调用 refresh 方法。

下面的示例将 ets 文件中的对象 testObj 注入 window 对象中。

```
@Entry
@Component
struct WebComponent{
  @State dataFromHtml: string = ''
  controller: WebController = new WebController()
  testObj = {
    test: (data) => {
      this.dataFromHtml = data
      return "ArkUI Web Component";
    },
    toString: () => {
      console.log('Web Component toString');
    }
  }

  build() {
    Column() {
      Text(this.dataFromHtml).fontSize(20)
```

```
      Row() {
        Button('Register JavaScript To Window').onClick(() => {
          this.controller.registerJavaScriptProxy({
            object: this.testObj,
            name: "objName",
            methodList: ["test", "toString"],
          });
          this.controller.refresh();
        })
      }

      Web({ src: $rawfile('index.html'), controller: this.controller })
        .javaScriptAccess(true)
    }
  }
}
```

其中 object 表示参与注册的对象；name 表示注册对象的名称为 objName，与 window 中调用的对象名一致；methodList 表示参与注册的应用侧 JavaScript 对象的方法，包含 test、toString 两个方法。在 HTML 中使用的时候，直接使用 objName 调用 methodList 中对应的方法即可，示例如下：

```
//index.html
<!DOCTYPE html>
<html>
<meta charset="utf-8">
<body>
<button onclick="htmlTest()"> 调用 Web 组件中的方法 </button>
</body>
<script type="text/javascript">
    function htmlTest() {
        str = objName.test("param from Html");
    }
</script>
</html>
```

还可以使用 deleteJavaScriptRegister 删除通过 registerJavaScriptProxy 注册到 window 上的指定 name 的应用侧 JavaScript 对象。

7.3.7 处理页面导航

使用浏览器浏览网页时，可以执行返回、前进、刷新等操作，Web 组件同样支持这些操作。可以使用 backward() 返回到上一个页面，使用 forward() 前进一个页面，也可以使用 refresh() 刷新页面，使用 clearHistory() 来清除历史记录。

示例如下：

```
Button(" 前进 ").onClick(() => {
    this.controller.forward()
})
```

```
Button(" 后退 ").onClick(() => {
    this.controller.backward()
})
Button(" 刷新 ").onClick(() => {
    this.controller.refresh()
})
Button(" 停止 ").onClick(() => {
    this.controller.stop()
})
Button(" 清除历史 ").onClick(() => {
    this.controller.clearHistory()
})
```

7.4　实战：Web 组件加载在线网页

本节演示如何通过 Web 组件来加载在线网页。为了演示该功能，创建一个名为 ArkTSWebComponent 的应用。在应用的界面上，通过单击按钮来触发加载网页的操作。

7.4.1　准备一个在线网页地址

在线网页地址为 https://waylau.com/，通过在浏览器中访问该地址可以看到如图 7-3 所示的网页。

图 7-3　在浏览器中访问网页

7.4.2　声明网络访问权限

在 module.json5 文件中声明网络访问权限：ohos.permission.INTERNET。

```
{
    "module" : {
        ...
        "requestPermissions":[
            {
                "name": "ohos.permission.INTERNET"
            }
        ],
        ...
    }
}
```

7.4.3 发起 HTTP 请求

httpReq 方法实现如下：

```
@Entry
@Component
struct Index {

    // 创建 WebController
    controller: WebController = new WebController();
    build() {
        Column() {
            // 添加 Web 组件
            Web({ src: 'https://waylau.com/', controller:
this.controller })
        }
    }
}
```

上述代码演示了发起 HTTP 请求的基本流程：

● 创建 WebController。
● 添加 Web 组件。

7.4.4 运行

运行应用显示的界面效果如图 7-4 所示。

Web 组件将在线网页加载到应用里面了。

图 7-4 运行应用显示的界面效果

7.5 总结

本章介绍了网络编程中常用的 HTTP 请求数据和 Web 组件的用法。

7.6 习题

1. 判断题

（1）在 http 模块中，多个请求可以使用同一个 httpRequest 对象，httpRequest 对象可以复用。（ ）

（2）使用 http 模块发起网络请求后，可以使用 destroy 方法中断网络请求。（ ）

（3）Web 组件的 onConfirm(callback: (event?: { url: string; message: string; result: JsResult }) => boolean) 事件返回 false 时触发网页默认弹窗。（ ）

2. 单选题

（1）使用 http 模块发起网络请求，需要以下哪种权限？（ ）

    A. ohos.permission.USE_BLUETOOTH   B. ohos.permission.INTERNET

    C. ohos.permission.REQUIRE_FORM   D. ohos.permission.LOCATION

（2）向服务器提交表单数据，以下哪种请求方式比较合适？（ ）

    A. RequestMethod.GET   B. RequestMethod.POST

    C. RequestMethod.PUT   D. RequestMethod.DELETE

（3）下列关于 Web 组件的属性，描述错误的是？（ ）

    A. fileAccess 设置是否开启通过 $rawfile(filepath/filename) 访问应用中 rawfile 路径的文件，默认启用

    B. imageAccess 设置是否允许自动加载图片资源，默认允许

    C. javaScriptAccess 设置是否允许执行 JavaScript 脚本，默认不允许

    D. zoomAccess 设置是否支持手势缩放，默认允许

（4）关于请求返回的响应码 ResponseCode，下列描述错误的是？（ ）

    A. ResponseCode.OK 的值为 200，表示请求成功。一般用于 GET 与 POST 请求

    B. ResponseCode.NOT_FOUND 的值为 404，表示服务器无法根据客户端的请求找到资源（网页）

    C. ResponseCode.INTERNAL_ERROR 的值为 500，表示服务器内部错误，无法完成请求

    D. ResponseCode.GONE 的值为 404，表示客户端请求的资源已经不存在

3. 多选题

（1）Web 组件支持下列哪些属性或事件？（　）

    A. fileAccess(fileAccess: boolean)

    B. javaScriptAccess(javaScriptAccess: boolean)

    C. on(type: 'headerReceive', callback: AsyncCallback<Object>): void

    D. onConfirm(callback: (event?: { url: string; message: string; result: JsResult }) => boolean)

    E. destroy(): void

（2）关于 http 模块描述正确的是？（　）

    A. http 请求支持 get、post、put 等常用的请求方式

    B. 可以使用 on('headersReceive') 订阅请求响应头

    C. post 请求的参数可以在 extraData 中指定

    D. 执行 createHttp 成功后，返回一个 httpRequest 对象，里面包括 request、destroy、on 和 off 方法

（3）关于 Web 组件描述正确的是？（　）

    A. Web 组件是提供具有网页显示能力的一种组件

    B. Web 组件传入的地址可以是本地资源，也可以是网络资源

    C. WebController 可以控制 Web 组件的各种行为，例如网页的前进、后退等功能

    D. 当访问在线网页时，需要添加网络权限

第 8 章

安全管理

本章介绍 HarmonyOS 应用的安全管理机制。

8.1 访问控制概述

应用只能访问有限的系统资源。但某些情况下，应用为了扩展功能的诉求，需要访问额外的系统或其他应用的数据（包括用户个人数据）和功能。系统或应用也必须以明确的方式对外提供接口来共享其数据和功能。HarmonyOS 提供了一种访问控制机制来保证这些数据或功能不会被不当或恶意使用，即应用权限。

8.1.1 权限包含的基本概念

HarmonyOS 的权限包含以下基本概念。

- 应用沙盒：系统利用内核保护机制来识别和隔离应用资源，可将不同的应用隔离开，保护应用自身和系统免受恶意应用的攻击。默认情况下，应用间不能彼此交互，而且对系统的访问会受到限制。例如，如果应用 A（一个单独的应用）尝试在没有权限的情况下读取应用 B 的数据或者调用系统的能力拨打电话，操作系统会阻止此类行为，因为应用 A 没有被授予相应的权限。

- 应用权限：由于系统通过沙盒机制管理各个应用，因此在默认规则下，应用只能访问有限的系统资源。但应用为了扩展功能的需要，需要访问自身沙盒之外的系统或其他应用的数据（包括用户个人数据）和能力，系统或应用也必须以明确的方式对外提供接口来共享其数据和能力。为了保证这些数据和能力不会被不当或恶意使用，就需要有一种访问控制机制来保护，这就是应用权限。应用权限是程序访问操作某种对象的许可。权限在应用层面要求明确定义且经用户授权，以便系统化地规范各类应用程序的行为准则与权限许可。

- 权限保护的对象：权限保护的对象可以分为数据和能力。

  - 数据包含个人数据（如照片、通讯录、日历、位置等）、设备数据（如设备标识、相机、麦克风等）、应用数据。

> ➤ 能力包括设备能力（如打电话、发短信、联网等）、应用能力（如弹出悬浮框、创建快捷方式等）等。

- 权限开放范围：权限开放范围指一个权限能被哪些应用申请。按可信程度从高到低的顺序，不同权限开放范围对应的应用可分为系统服务、系统应用、系统预置特权应用、同签名应用、系统预置普通应用、持有权限证书的后装应用、其他普通应用，开放范围依次扩大。
- 敏感权限：涉及访问个人数据（如照片、通讯录、日历、本机号码、短信等）和操作敏感能力（如相机、麦克风、拨打电话、发送短信等）的权限。
- 应用核心功能：一个应用可能提供了多种功能，其中应用为满足用户的关键需求而提供的功能称为应用的核心功能。这是一个相对宽泛的概念，主要用来辅助描述用户权限授权的预期。用户选择安装一个应用，通常是被应用的核心功能所吸引。比如导航类应用，定位导航就是这种应用的核心功能；比如媒体类应用，播放以及媒体资源管理就是核心功能。这些功能所需要的权限，用户在安装时内心已经倾向于授予（否则就不会安装）。与核心功能相对应的是辅助功能，这些功能所需要的权限需要向用户清晰地说明目的、场景等信息，由用户授权。有些功能既不属于核心功能，又不属于辅助功能，那么这些功能就是多余功能，这些功能所需要的权限通常被用户禁止。
- 最小必要权限：最小必要权限是保障应用某一服务类型正常运行所需要的应用权限的最小集，一旦缺少将导致该类型服务无法实现或无法正常运行。

8.1.2 权限等级说明

根据接口所涉数据的敏感程度或所涉能力的安全威胁影响，ATM 模块定义了不同开放范围的权限等级来保护用户隐私。根据权限对于不同等级的应用有不同的开放范围，对应的权限类型可分为以下 3 种，等级依次提高。

- normal 权限：该权限允许应用访问超出默认规则的普通系统资源。这些系统资源的开放（包括数据和功能）对用户隐私以及其他应用带来的风险很小。该类型的权限仅向 APL 等级为 normal 及以上的应用开放。
- system_basic 权限：system_basic 权限允许应用访问操作系统基础服务相关的资源。这部分系统基础服务属于系统提供或者预置的基础功能，比如系统设置、身份认证等。这些系统资源的开放对用户隐私以及其他应用带来的风险较大。该类型的权限仅向 APL 等级为 system_basic 及以上的应用开放。
- system_core 权限：system_core 权限涉及开放操作系统核心资源的访问操作。这部分系统资源是系统最核心的底层服务，如果遭受破坏，操作系统将无法正常运行。鉴于该类型权限对系统的影响程度非常大，目前暂不向任何第三方应用开放。

8.1.3 权限类型

根据授权方式的不同，权限类型可分为 system_grant（系统授权）和 user_grant（用户授权）。

- system_grant 指的是系统授权类型，在该类型的权限许可下，应用被允许访问的数据不会涉及用户或设备的敏感信息，应用被允许执行的操作不会对系统或者其他应用产生大的不利影响。如果在应用中申请了 system_grant 权限，那么系统会在用户安装应用时自动把相应权限授予应用。应用需要在应用商店的详情页面向用户展示所申请的 system_grant 权限列表。比如，在前文中所涉及的 ohos.permission.INTERNET 就是 system_grant 权限。

- user_grant 指的是用户授权类型，在该类型的权限许可下，应用被允许访问的数据将会涉及用户或设备的敏感信息，应用被允许执行的操作可能对系统或者其他应用产生严重的影响。该类型的权限不仅需要在安装包中申请，还需要在应用动态运行时，通过发送弹窗的方式请求用户授权。在用户手动允许授权后，应用才会真正获得相应权限，从而成功访问操作目标对象。

8.1.4 权限列表

权限列表如表 8-1 所示。

表8-1 权限列表

权限名	权限级别	授权方式	ACL使能	权限说明
ohos.permission.USE_BLUETOOTH	normal	system_grant	TRUE	允许应用查看蓝牙的配置
ohos.permission.DISCOVER_BLUETOOTH	normal	system_grant	TRUE	允许应用配置本地蓝牙，查找远端设备且与之配对连接
ohos.permission.MANAGE_BLUETOOTH	system_basic	system_grant	TRUE	允许应用配对蓝牙设备，并对设备的电话簿或消息进行访问
ohos.permission.INTERNET	normal	system_grant	TRUE	允许使用Internet网络
ohos.permission.MODIFY_AUDIO_SETTINGS	normal	system_grant	TRUE	允许应用修改音频设置
ohos.permission.ACCESS_NOTIFICATION_POLICY	normal	system_grant	FALSE	在本设备上允许应用访问通知策略
ohos.permission.GET_TELEPHONY_STATE	system_basic	system_grant	TRUE	允许应用读取电话信息
ohos.permission.REQUIRE_FORM	system_basic	system_grant	TRUE	允许应用获取Ability Form
ohos.permission.GET_NETWORK_INFO	normal	system_grant	TRUE	允许应用获取数据网络信息
ohos.permission.PLACE_CALL	system_basic	system_grant	TRUE	允许应用直接拨打电话
ohos.permission.SET_NETWORK_INFO	normal	system_grant	TRUE	允许应用配置数据网络
ohos.permission.REMOVE_CACHE_FILES	system_basic	system_grant	TRUE	允许清理指定应用的缓存
ohos.permission.REBOOT	system_basic	system_grant	TRUE	允许应用重启设备
ohos.permission.RUNNING_LOCK	normal	system_grant	TRUE	允许应用获取运行锁，保证应用在后台持续运行
ohos.permission.SET_TIME	system_basic	system_grant	TRUE	允许应用修改系统时间
ohos.permission.SET_TIME_ZONE	system_basic	system_grant	TRUE	允许应用修改系统时区
ohos.permission.DOWNLOAD_SESSION_MANAGER	system_core	system_grant	TRUE	允许应用管理下载任务会话
ohos.permission.COMMONEVENT_STICKY	normal	system_grant	TRUE	允许应用发布粘性公共事件

（续表）

权 限 名	权限级别	授权方式	ACL使能	权限说明
ohos.permission.SYSTEM_FLOAT_WINDOW	system_basic	system_grant	TRUE	允许应用使用悬浮窗的能力
ohos.permission.POWER_MANAGER	system_core	system_grant	TRUE	允许应用调用电源管理子系统的接口，让设备休眠或者唤醒设备
ohos.permission.REFRESH_USER_ACTION	system_basic	system_grant	TRUE	允许应用在收到用户事件时，重新计算超时时间
ohos.permission.POWER_OPTIMIZATION	system_basic	system_grant	TRUE	允许系统应用设置省电模式、获取省电模式的配置信息并接收配置变化的通知
ohos.permission.REBOOT_RECOVERY	system_basic	system_grant	TRUE	允许系统应用重启设备并进入恢复模式
ohos.permission.MANAGE_LOCAL_ACCOUNTS	system_basic	system_grant	TRUE	允许应用管理本地用户账号
ohos.permission.INTERACT_ACROSS_LOCAL_ACCOUNTS	system_basic	system_grant	TRUE	允许多个系统账号之间相互访问
ohos.permission.VIBRATE	normal	system_grant	TRUE	允许应用控制马达振动
ohos.permission.CONNECT_IME_ABILITY	system_core	system_grant	TRUE	允许绑定输入法Ability(InputMethodAbility)
ohos.permission.CONNECT_SCREEN_SAVER_ABILITY	system_core	system_grant	TRUE	允许绑定屏保Ability(ScreenSaverAbility)
ohos.permission.READ_SCREEN_SAVER	system_basic	system_grant	TRUE	允许应用查询屏保状态信息
ohos.permission.WRITE_SCREEN_SAVER	system_basic	system_grant	TRUE	允许应用修改屏保状态信息
ohos.permission.SET_WALLPAPER	normal	system_grant	TRUE	允许应用设置静态壁纸
ohos.permission.GET_WALLPAPER	system_basic	system_grant	TRUE	允许应用读取壁纸文件
ohos.permission.CHANGE_ABILITY_ENABLED_STATE	system_basic	system_grant	TRUE	允许改变应用或者组件的使能状态
ohos.permission.ACCESS_MISSIONS	system_basic	system_grant	TRUE	允许应用访问任务栈信息
ohos.permission.CLEAN_BACKGROUND_PROCESSES	normal	system_grant	TRUE	允许应用根据包名清理相关后台进程
ohos.permission.KEEP_BACKGROUND_RUNNING	normal	system_grant	TRUE	允许Service Ability在后台持续运行
ohos.permission.UPDATE_CONFIGURATION	system_basic	system_grant	TRUE	允许更新系统配置
ohos.permission.UPDATE_SYSTEM	system_basic	system_grant	TRUE	允许调用升级接口
ohos.permission.FACTORY_RESET	system_basic	system_grant	TRUE	允许调用恢复出厂设置接口
ohos.permission.GRANT_SENSITIVE_PERMISSIONS	system_core	system_grant	TRUE	允许应用为其他应用授予敏感权限

（续表）

权 限 名	权限级别	授权方式	ACL使能	权限说明
ohos.permission.REVOKE_SENSITIVE_PERMISSIONS	system_core	system_grant	TRUE	允许应用撤销给其他应用授予的敏感权限
ohos.permission.GET_SENSITIVE_PERMISSIONS	system_core	system_grant	TRUE	允许应用读取其他应用的敏感权限的状态
ohos.permission.INTERACT_ACROSS_LOCAL_ACCOUNTS_EXTENSION	system_core	system_grant	TRUE	允许应用跨用户对其他应用的属性进行设置
ohos.permission.LISTEN_BUNDLE_CHANGE	system_basic	system_grant	TRUE	允许应用监听其他应用安装、更新、卸载状态的变化
ohos.permission.GET_BUNDLE_INFO	normal	system_grant	TRUE	允许应用查询其他应用的信息
ohos.permission.ACCELEROMETER	normal	system_grant	TRUE	允许应用读取加速度传感器的数据
ohos.permission.GYROSCOPE	normal	system_grant	TRUE	允许应用读取陀螺仪传感器的数据
ohos.permission.GET_BUNDLE_INFO_PRIVILEGED	system_basic	system_grant	TRUE	允许应用查询其他应用的信息
ohos.permission.INSTALL_BUNDLE	system_core	system_grant	TRUE	允许应用安装、卸载其他应用
ohos.permission.MANAGE_SHORTCUTS	system_core	system_grant	TRUE	允许应用查询其他应用的快捷方式信息，启动其他应用的快捷方式
ohos.permission.radio.ACCESS_FM_AM	system_core	system_grant	TRUE	允许应用获取收音机相关服务
ohos.permission.SET_TELEPHONY_STATE	system_basic	system_grant	TRUE	允许应用修改telephone的状态
ohos.permission.START_ABILIIES_FROM_BACKGROUND	system_basic	system_grant	TRUE	允许应用在后台启动FA
ohos.permission.BUNDLE_ACTIVE_INFO	system_basic	system_grant	TRUE	允许系统应用查询其他应用在前台或后台的运行时间
ohos.permission.START_INVISIBLE_ABILITY	system_core	system_grant	TRUE	无论Ability是否可见，都允许应用进行调用
ohos.permission.sec.ACCESS_UDID	system_basic	system_grant	TRUE	允许系统应用获取UDID
ohos.permission.LAUNCH_DATA_PRIVACY_CENTER	system_basic	system_grant	TRUE	允许应用从其隐私声明页面跳转至"数据与隐私"页面
ohos.permission.MANAGE_MEDIA_RESOURCES	system_basic	system_grant	TRUE	允许应用程序获取当前设备正在播放的媒体资源，并对其进行管理
ohos.permission.PUBLISH_AGENT_REMINDER	normal	system_grant	TRUE	允许该应用使用后台代理提醒

（续表）

权 限 名	权限级别	授权方式	ACL使能	权限说明
ohos.permission.CONTROL_TASK_SYNC_ANIMATOR	system_core	system_grant	TRUE	允许应用使用同步任务动画
ohos.permission.INPUT_MONITORING	system_core	system_grant	TRUE	允许应用监听输入事件，仅系统签名应用可申请此权限
ohos.permission.MANAGE_MISSIONS	system_core	system_grant	TRUE	允许用户管理Ability任务栈
ohos.permission.NOTIFICATION_CONTROLLER	system_core	system_grant	TRUE	允许应用管理通知和订阅通知
ohos.permission.CONNECTIVITY_INTERNAL	system_basic	system_grant	TRUE	允许应用程序获取网络相关的信息或修改网络相关设置
ohos.permission.SET_ABILITY_CONTROLLER	system_basic	system_grant	TRUE	允许设置Ability组件的启动和停止控制权
ohos.permission.USE_USER_IDM	system_basic	system_grant	FALSE	允许应用访问系统身份凭据信息
ohos.permission.MANAGE_USER_IDM	system_basic	system_grant	FALSE	允许应用使用系统身份凭据管理能力进行口令、人脸、指纹等的录入、修改、删除等操作
ohos.permission.ACCESS_BIOMETRIC	normal	system_grant	TRUE	允许应用使用生物特征识别能力进行身份认证
ohos.permission.ACCESS_USER_AUTH_INTERNAL	system_basic	system_grant	FALSE	允许应用使用系统身份认证能力进行用户身份认证或身份识别
ohos.permission.ACCESS_PIN_AUTH	system_basic	system_grant	FALSE	允许应用使用口令输入接口，用于系统应用完成口令输入框绘制场景
ohos.permission.GET_RUNNING_INFO	system_basic	system_grant	TRUE	允许应用获取运行态信息
ohos.permission.CLEAN_APPLICATION_DATA	system_basic	system_grant	TRUE	允许应用清理应用数据
ohos.permission.RUNNING_STATE_OBSERVER	system_basic	system_grant	TRUE	允许应用观察应用状态
ohos.permission.CAPTURE_SCREEN	system_core	system_grant	TRUE	允许应用截取屏幕图像
ohos.permission.GET_WIFI_INFO	normal	system_grant	TRUE	允许应用获取WLAN信息
ohos.permission.GET_WIFI_INFO_INTERNAL	system_core	system_grant	TRUE	允许应用获取WLAN信息
ohos.permission.SET_WIFI_INFO	normal	system_grant	TRUE	允许应用配置WLAN设备
ohos.permission.GET_WIFI_PEERS_MAC	system_core	system_grant	TRUE	允许应用获取对端WLAN或者蓝牙设备的MAC地址
ohos.permission.GET_WIFI_LOCAL_MAC	system_basic	system_grant	TRUE	允许应用获取本机WLAN或者蓝牙设备的MAC地址

（续表）

权　限　名	权限级别	授权方式	ACL使能	权限说明
ohos.permission.GET_WIFI_CONFIG	system_basic	system_grant	TRUE	允许应用获取WLAN配置信息
ohos.permission.SET_WIFI_CONFIG	system_basic	system_grant	TRUE	允许应用配置WLAN信息
ohos.permission.MANAGE_WIFI_CONNECTION	system_core	system_grant	TRUE	允许应用管理WLAN连接
ohos.permission.MANAGE_WIFI_HOTSPOT	system_core	system_grant	TRUE	允许应用开启或者关闭WLAN热点
ohos.permission.GET_ALL_APP_ACCOUNTS	system_core	system_grant	FALSE	允许应用获取所有应用账号信息
ohos.permission.MANAGE_SECURE_SETTINGS	system_basic	system_grant	TRUE	允许应用修改安全类系统设置
ohos.permission.READ_DFX_SYSEVENT	system_basic	system_grant	FALSE	允许获取所有应用账号信息
ohos.permission.MANAGE_ENTERPRISE_DEVICE_ADMIN	system_core	system_grant	TRUE	允许应用激活设备管理员应用
ohos.permission.EDM_MANAGE_DATETIME	normal	system_grant	FALSE	允许设备管理员应用设置系统时间
ohos.permission.NFC_TAG	normal	system_grant	FALSE	允许应用读取Tag卡片
ohos.permission.NFC_CARD_EMULATION	normal	system_grant	FALSE	允许应用实现卡模拟功能
ohos.permission.PERMISSION_USED_STATS	system_basic	system_grant	TRUE	允许系统应用访问权限使用记录
ohos.permission.NOTIFICATION_AGENT_CONTROLLER	system_core	system_grant	TRUE	允许应用发送代理通知
ohos.permission.ANSWER_CALL	system_basic	user_grant	TRUE	允许应用接听来电
ohos.permission.READ_CALENDAR	normal	user_grant	TRUE	允许应用读取日历信息
ohos.permission.READ_CALL_LOG	system_basic	user_grant	TRUE	允许应用读取通话记录
ohos.permission.READ_CELL_MESSAGES	system_basic	user_grant	TRUE	允许应用读取设备收到的小区广播信息
ohos.permission.READ_CONTACTS	system_basic	user_grant	TRUE	允许应用读取联系人数据
ohos.permission.READ_MESSAGES	system_basic	user_grant	TRUE	允许应用读取短信息
ohos.permission.RECEIVE_MMS	system_basic	user_grant	TRUE	允许应用接收和处理彩信
ohos.permission.RECEIVE_SMS	system_basic	user_grant	TRUE	允许应用接收和处理短信
ohos.permission.RECEIVE_WAP_MESSAGES	system_basic	user_grant	TRUE	允许应用接收和处理WAP消息
ohos.permission.MICROPHONE	normal	user_grant	TRUE	允许应用使用麦克风
ohos.permission.SEND_MESSAGES	system_basic	user_grant	TRUE	允许应用发送短信
ohos.permission.WRITE_CALENDAR	normal	user_grant	TRUE	允许应用添加、移除或更改日历活动

（续表）

权 限 名	权限级别	授权方式	ACL使能	权限说明
ohos.permission.WRITE_CALL_LOG	system_basic	user_grant	TRUE	允许应用添加、移除或更改通话记录
ohos.permission.WRITE_CONTACTS	system_basic	user_grant	TRUE	允许应用添加、移除或更改联系人数据
ohos.permission.DISTRIBUTED_DATASYNC	normal	user_grant	TRUE	允许不同设备间的数据交换
ohos.permission.MANAGE_VOICEMAIL	system_basic	user_grant	TRUE	允许应用在语音信箱中留言
ohos.permission.LOCATION_IN_BACKGROUND	normal	user_grant	FALSE	允许应用在后台运行时获取设备位置信息
ohos.permission.LOCATION	normal	user_grant	TRUE	允许应用获取设备位置信息
ohos.permission.APPROXIMATELY_LOCATION	normal	user_grant	FALSE	允许应用获取设备模糊位置信息
ohos.permission.MEDIA_LOCATION	normal	user_grant	TRUE	允许应用访问用户媒体文件中的地理位置信息
ohos.permission.CAMERA	normal	user_grant	TRUE	允许应用使用相机拍摄照片和录制视频
ohos.permission.READ_MEDIA	normal	user_grant	TRUE	允许应用读取用户外部存储中的媒体文件信息
ohos.permission.WRITE_MEDIA	normal	user_grant	TRUE	允许应用读写用户外部存储中的媒体文件信息
ohos.permission.ACTIVITY_MOTION	normal	user_grant	TRUE	允许应用读取用户当前的运动状态
ohos.permission.READ_HEALTH_DATA	normal	user_grant	TRUE	允许应用读取用户的健康数据
ohos.permission.GET_DEFAULT_APPLICATION	system_core	system_grant	TRUE	允许查询默认应用
ohos.permission.SET_DEFAULT_APPLICATION	system_core	system_grant	TRUE	允许设置、重置默认应用
ohos.permission.MANAGE_DISPOSED_APP_STATUS	system_core	system_grant	TRUE	允许设置和查询应用的处置状态
ohos.permission.ACCESS_IDS	system_core	system_grant	TRUE	允许应用查询设备的唯一标识符信息
ohos.permission.DUMP	system_core	system_grant	TRUE	允许导出系统基础信息和SA服务信息
ohos.permission.DISTRIBUTED_SOFTBUS_CENTER	system_basic	system_grant	FALSE	允许不同设备之间进行组网处理
ohos.permission.ACCESS_DLP_FILE	system_core	system_grant	TRUE	允许对DLP文件进行权限配置和管理
ohos.permission.PROVISIONING_MESSAGE	system_core	system_grant	TRUE	允许激活超级设备管理器应用

（续表）

权 限 名	权限级别	授权方式	ACL使能	权限说明
ohos.permission.ACCESS_SYSTEM_SETTINGS	system_basic	system_grant	TRUE	允许应用接入或拉起系统设置界面
ohos.permission.READ_IMAGEVIDEO	system_basic	user_grant	TRUE	允许读取用户公共目录的图片或视频文件
ohos.permission.READ_AUDIO	system_basic	user_grant	TRUE	允许读取用户公共目录的音频文件
ohos.permission.READ_DOCUMENT	system_basic	user_grant	TRUE	允许读取用户公共目录的文档
ohos.permission.WRITE_IMAGEVIDEO	system_basic	user_grant	TRUE	允许修改用户公共目录的图片或视频文件
ohos.permission.WRITE_AUDIO	system_basic	user_grant	TRUE	允许修改用户公共目录的音频文件
ohos.permission.WRITE_DOCUMENT	system_basic	user_grant	TRUE	允许修改用户公共目录的文档
ohos.permission.ABILITY_BACKGROUND_COMMUNICATION	system_basic	system_grant	TRUE	允许应用将Ability组件在后台启动并与该Ability组件建立通信连接
ohos.permission.securityguard.REPORT_SECURITY_INFO	system_basic	system_grant	FALSE	允许应用上报风险数据至设备风险管理平台
ohos.permission.securityguard.REQUEST_SECURITY_MODEL_RESULT	system_basic	system_grant	TRUE	允许应用获取设备风险状态
ohos.permission.securityguard.REQUEST_SECURITY_EVENT_INFO	system_core	system_grant	FALSE	允许应用获取风险详细数据
ohos.permission.ACCESS_AUTH_RESPOOL	system_core	system_grant	FALSE	允许SA注册执行器
ohos.permission.ENFORCE_USER_IDM	system_core	system_grant	FALSE	允许SA无token删除IAM子系统用户信息
ohos.permission.MOUNT_UNMOUNT_MANAGER	system_basic	system_grant	FALSE	允许应用对外卡进行挂载、卸载操作
ohos.permission.MOUNT_FORMAT_MANAGER	system_basic	system_grant	FALSE	允许应用对外卡进行格式化操作
ohos.permission.STORAGE_MANAGER	system_basic	system_grant	TRUE	允许应用调用storage manager服务中对空间统计以及卷信息的查询接口
ohos.permission.BACKUP	system_basic	system_grant	TRUE	允许应用拥有备份恢复能力
ohos.permission.FILE_ACCESS_MANAGER	system_basic	system_grant	TRUE	允许文件管理类应用通过FAF框架访问公共数据文件

8.2 访问控制开发步骤

如果应用需要获取目标权限，那么需要先进行权限申请。

- 权限申请：开发者需要在配置文件中声明目标权限。
- 权限授权：如果目标权限是 system_grant 类型，开发者在进行权限申请后，系统会在安装应用时自动为其进行权限预授予，开发者不需要进行其他操作即可使用权限。如果目标权限是 user_grant 类型，开发者在进行权限申请后，在运行时触发动态弹窗，请求用户授权。

8.2.1 权限申请

应用需要在工程配置文件中对需要的权限逐个声明，没有在配置文件中声明的权限，应用将无法获得授权。

使用 Stage 模型的应用，需要在 module.json5 文件中声明权限。示例如下：

```
{
  "module" : {
    "requestPermissions":[
      {
        "name" : "ohos.permission.PERMISSION1",
        "reason": "$string:reason",
        "usedScene": {
          "abilities": [
            "FormAbility"
          ],
          "when":"inuse"
        }
      },
      {
        "name" : "ohos.permission.PERMISSION2",
        "reason": "$string:reason",
        "usedScene": {
          "abilities": [
            "FormAbility"
          ],
          "when":"always"
        }
      }
    ]
  }
}
```

配置文件标签说明如下。

- name：权限名称。
- reason：当申请的权限为 user_grant 时，此字段必填，描述申请权限的原因。

- usedScene：当申请的权限为 user_grant 时，此字段必填，描述权限使用的场景和时机。
- ability：标识需要使用该权限的 Ability，标签为数组形式。
- when：标识权限使用的时机，值为 inuse/always，表示仅允许前台使用和前后台都可以使用。

8.2.2 权限授权

在前期的权限声明步骤后，在安装过程中系统会对 system_grant 类型的权限进行预授权，而 user_grant 类型的权限则需要用户进行手动授权。

所以，应用在调用受 ohos.permission.PERMISSION2 权限保护的接口前，需要先校验应用是否已经获取该权限。

如果校验结果显示应用已经获取该权限，那么应用可以直接访问该目标接口，否则应用需要通过动态弹框先申请用户授权，并根据授权结果进行相应处理。

8.3 实战：访问控制授权

本节演示访问控制授权申请的流程。为了演示该功能，创建一个名为 ArkTSUserGrant 的应用。

8.3.1 场景介绍

本示例代码假设应用因为核心功能诉求，需要申请权限 ohos.permission.INTERNET 和权限 ohos.permission.CAMERA。其中：

- 应用的 APL 等级为 normal。
- 权限 ohos.permission.INTERNET 的等级为 normal，类型为 system_grant。
- 权限 ohos.permission.CAMERA 的等级为 system_basic，类型为 user_grant。

在当前场景下，应用申请的权限包括 user_grant 权限，对这部分 user_grant 权限，可以先通过权限校验判断当前调用者是否具备相应权限。

当权限校验结果显示当前应用尚未被授予该权限时，再通过动态弹框授权方式给用户提供手动授权入口。

8.3.2 声明访问的权限

在 module.json5 文件中声明权限，配置如下：

```
{
  "module" : {
    "requestPermissions":[
      {
        "name" : "ohos.permission.INTERNET"
      },
```

```
                {
                    "name" : "ohos.permission.CAMERA"
                }
            ],
            ...
        }
    }
```

8.3.3　申请授权 user_grant 权限

在前期的权限声明步骤后，在安装过程中系统会对 system_grant 类型的权限进行预授权，而 user_grant 类型的权限则需要用户进行手动授权。

所以，应用在调用受 ohos.permission.CAMERA 权限保护的接口前，需要先校验应用是否已经获得该权限。

如果校验结果显示，应用已经获得了该权限，那么应用可以直接访问该目标接口，否则应用需要通过动态弹框先申请用户授权，并根据授权结果进行相应处理，处理方式可参考访问控制开发概述。

修改 EntryAbility.ets 的 onWindowStageCreate 方法，在 windowStage.loadContent 方法之前添加如下内容：

```
onWindowStageCreate(windowStage: Window.WindowStage) {
    hilog.isLoggable(0x0000, 'testTag', hilog.LogLevel.INFO);
    hilog.info(0x0000, 'testTag', '%{public}s', 'Ability onWindowStageCreate');

    // 权限校验
    var context = this.context
    let array: Array<string> = ["ohos.permission.CAMERA"];
    //requestPermissionsFromUser 会根据权限的授权状态来决定是否唤起弹窗
    context.requestPermissionsFromUser(array).then(function (data) {
        console.log("data type:" + typeof (data));
        console.log("data:" + data);
        console.log("data permissions:" + data.permissions);
        console.log("data result:" + data.authResults);

        //0 代表授权成功，-1 代表授权失败
        if (data.authResults == [0]) {
            // 加载界面
            windowStage.loadContent('pages/Index', (err, data) => {
                if (err.code) {
                    hilog.isLoggable(0x0000, 'testTag', hilog.LogLevel.ERROR);
                    hilog.error(0x0000, 'testTag', 'Failed to load the
content. Cause: %{public}s', JSON.stringify(err) ?? '');
                    return;
                }
                hilog.isLoggable(0x0000, 'testTag', hilog.LogLevel.INFO);
                hilog.info(0x0000, 'testTag', 'Succeeded in loading the
content. Data: %{public}s', JSON.stringify(data) ?? '');
```

```
        });
      }

    }, (err) => {
        console.error('Failed to start ability', err.code);
    });
}
```

上述代码演示了请求用户授权的开发步骤：

（1）获取 Ability 的上下文 context。

- 调用 requestPermissionsFromUser 接口请求权限。在运行过程中，该接口会根据应用是否已获得目标权限决定是否拉起动态弹框请求用户授权。
- 根据 requestPermissionsFromUser 接口返回值判断是否已获得目标权限。如果当前已经获得权限，则可以继续正常访问目标接口。
- data.authResults 为 0 代表授权成功，-1 代表授权失败。

8.3.4 运行

运行应用显示的界面效果如图 8-1 所示。

上述界面提示让用户授权。当用户单击"仅使用期间允许"或者"允许本次使用"时，代表同意授权，授权成功后界面执行加载，如图 8-2 所示。

当用户单击"禁止"时，代表不同意授权，界面不会执行加载，最终效果如图 8-3 所示。

图 8-1　提示授权

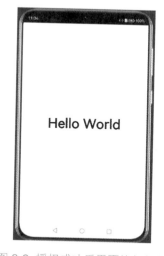

图 8-2　授权成功后界面执行加载

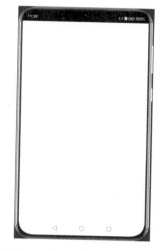

图 8-3　授权不成功的界面效果

8.4　总结

本章介绍了 HarmonyOS 安全管理，包含如何进行授权和对权限进行校验。

8.5 习题

1. 判断题

根据授权方式不同，权限可分为 system_grant（系统授权）和 user_grant（用户授权）。（ ）

2. 单选题

（1）使用 http 模块发起网络请求，需要以下哪种权限？（ ）

    A. ohos.permission.USE_BLUETOOTH   B. ohos.permission.INTERNET

    C. ohos.permission.REQUIRE_FORM   D. ohos.permission.LOCATION

（2）使用 Image 加载网络图片，需要以下哪种权限？（ ）

    A. ohos.permission.USE_BLUETOOTH   B. ohos.permission.INTERNET

    C. ohos.permission.REQUIRE_FORM   D. ohos.permission.LOCATION

3. 多选题

权限等级有哪些？（ ）

A. normal   B. system_basic   C. system_core   D. user_basic

数据管理

HarmonyOS 数据管理支持分布式数据服务、关系数据库以及首选项。

9.1 分布式数据服务概述

分布式数据服务（Distributed Data Service，DDS）为应用程序提供不同设备间数据库的分布式协同能力。

通过调用分布式数据接口，应用程序将数据保存到分布式数据库中。通过结合账号、应用和数据库三元组，分布式数据服务对属于不同应用的数据进行隔离，以保证不同应用之间的数据不能通过分布式数据服务互相访问。在通过可信认证的设备间，分布式数据服务支持应用数据相互同步，为用户提供在多种终端设备上最终一致的数据访问体验。

9.1.1 分布式数据服务的基本概念

分布式数据服务支撑应用程序数据库数据的分布式管理，包含如下基本概念。

1 KV 数据模型

KV 数据模型是 Key-Value 数据模型的简称，其数据以键－值对的形式进行组织、索引和存储。

KV 数据模型适合不涉及过多数据关系和业务关系的业务数据的存储，比 SQL 数据库存储拥有更好的读写性能，同时因其在分布式场景中降低了解决数据库版本兼容问题的复杂度，并且在数据同步过程中降低了解决冲突的复杂度而被广泛使用。分布式数据库也是基于 KV 数据模型对外提供 KV 类型的访问接口的。

2 分布式数据库的事务性

分布式数据库事务支持本地事务（和传统数据库的事务概念一致）和同步事务。同步事务是指在设备之间同步数据时，以本地事务为单位进行同步，一次本地事务的修改要么都同步成功，要么都同步失败。

3 分布式数据库的一致性

在分布式场景中一般会涉及多个设备，组网内设备之间看到的数据是否一致称为分布式数据库的一致性。分布式数据库的一致性可以分为强一致性、弱一致性和最终一致性。

- 强一致性：是指某一设备成功增、删、改数据后，组网内设备对该数据的读取操作都将得到更新后的值。
- 弱一致性：是指某一设备成功增、删、改数据后，组网内设备可能读取到本次更新数据，可能读取不到，不能保证在多长时间后每个设备的数据一定是一致的。
- 最终一致性：是指某一设备成功增、删、改数据后，组网内设备可能读取不到本次更新数据，但在某个时间窗口之后组网内设备的数据能够达到一致状态。

强一致性对分布式数据的管理要求非常高，在服务器的分布式场景可能会遇到。因为移动终端设备的不常在线和无中心的特性，使得分布式数据服务不支持强一致性，只支持最终一致性。

4 分布式数据库同步

底层通信组件完成设备发现和认证后，会通知上层应用程序（包括分布式数据服务）设备上线。收到设备上线的消息后，分布式数据服务可以在两个设备之间建立加密的数据传输通道，利用该通道在两个设备之间进行数据同步。

分布式数据服务提供了两种同步方式：手动同步和自动同步。

- 手动同步：由应用程序调用 sync 接口来触发，需要指定同步的设备列表和同步模式。同步模式分为 PULL_ONLY（将远端数据拉到本端）、PUSH_ONLY（将本端数据推送到远端）和 PUSH_PULL（将本端数据推送到远端，同时也将远端数据拉取到本端）。内部接口支持按条件过滤同步，将符合条件的数据同步到远端。
- 自动同步：包括全量同步和按条件订阅同步。全量同步由分布式数据库自动将本端数据推送到远端，同时也将远端数据拉取到本端来完成数据同步，同步时机包括设备上线、应用程序更新数据等，应用不需要主动调用 sync 接口。内部接口支持按条件订阅同步，将远端符合订阅条件的数据自动同步到本端。

5 单版本分布式数据库

单版本分布式数据库是指数据在本地是以单个 KV 条目为单位的方式保存的，对每个 Key 最多只保存一个条目项，当数据在本地被用户修改时，无论它是否已经被同步出去，均直接在这个条目上进行修改。同步也以此为基础，按照它在本地被写入或更改的顺序将当前最新一次修改逐条同步至远端设备。

6 设备协同分布式数据库

设备协同分布式数据库建立在单版本分布式数据库之上，在应用程序存入的 KV 数据中，Key 前面拼接了本设备的 DeviceID 标识符，这样能保证每个设备产生的数据严格隔离，底按照设备的维度管理这些数据，设备协同分布式数据库支持以设备的维度查询分布式数据，但是不支持修改远端设备同步过来的数据。

7　分布式数据库冲突解决策略

分布式数据库多设备提交冲突场景，在合并提交的冲突的过程中，如果多个设备同时修改了同一数据，则称这种场景为数据冲突。数据冲突采用默认冲突解决策略（Last-Write-Wins），基于提交时间戳，取时间戳较大的提交数据，当前不支持制定冲突解决策略。

8　数据库 Schema 化管理与谓词查询

单版本数据库支持在创建和打开数据库时指定 Schema，数据库根据 Schema 定义感知 KV 记录的 Value 格式，以实现对 Value 值结构的检查，并基于 Value 中的字段实现索引建立和谓词查询。

9　分布式数据库的备份能力

提供分布式数据库备份能力，业务通过设置 backup 属性为 true，可以触发分布式数据服务每日备份。当分布式数据库发生损坏时，分布式数据服务会删除损坏的数据库，并且从备份数据库中恢复上次备份的数据。如果不存在备份数据库，则创建一个新的数据库。同时支持加密数据库的备份能力。

更多分布式系统概念可以参阅笔者所著的《分布式系统常用技术及案例分析》。

9.1.2　分布式数据服务的运作机制

分布式数据服务运作示意图如图 9-1 所示。其包含 5 部分：

- **分布式数据服务接口**：分布式数据服务提供专门的数据库创建、数据访问、数据订阅等接口供应用程序调用，接口支持 KV 数据模型，支持常用的数据类型，同时确保接口的兼容性、易用性和可发布性。
- **分布式数据服务组件**：分布式数据服务组件负责服务内元数据管理、权限管理、加密管理、备份和恢复管理以及多用户管理等，同时负责初始化底层分布式 DB 的存储组件、同步组件和通信适配层。
- **存储组件**：存储组件负责数据的访问、数据的缩减、事务、快照、数据库加密，以及数据合并和冲突解决等特性。
- **同步组件**：同步组件连接了存储组件与通信组件，其目标是保持在线设备间的数据库数据的一致性，包括将本地产生的未同步数据同步给其他设备，接收来自其他设备发送过来的数据，并合并到本地设备中。
- **通信适配层**：通信适配层负责调用底层公共通信层的接口完成通信管道的创建、连接，接收设备上下线消息，维护已连接和断开设备列表的元数据，同时将设备上下线信息发送给上层同步组件，同步组件维护连接的设备列表，同步数据时根据该列表调用通信适配层的接口，将数据封装并发送给连接的设备。

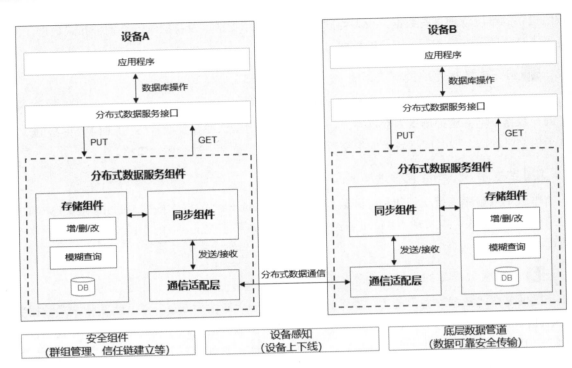

图 9-1　数据分布式服务运作示意图

　　应用程序通过调用分布式数据服务接口实现分布式数据库创建、访问、订阅功能，服务接口通过操作服务组件提供的能力，将数据存储至存储组件，存储组件调用同步组件实现将数据同步，同步组件使用通信适配层将数据同步至远端设备，远端设备通过同步组件接收数据，并更新至本端存储组件，通过服务接口提供给应用程序使用。

9.1.3　分布式数据服务的约束与限制

　　使用分布式数据服务需要考虑如下的约束与限制：

- 分布式数据服务的数据模型仅支持 KV 数据模型，不支持外键、触发器等关系数据库中的功能。
- 分布式数据服务支持 KV 数据模型规格：
  - 备协同数据库，针对每条记录，Key 的长度 ≤ 896 Byte，Value 的长度 < 4 MB。
  - 版本数据库，针对每条记录，Key 的长度 ≤ 1 KB，Value 的长度 < 4 MB。
  - 个应用程序最多支持同时打开 16 个分布式数据库。
- 分布式数据库与本地数据库的使用场景不同，因此开发者应识别需要在设备间进行同步的数据，并将这些数据保存到分布式数据库中。
- 分布式数据服务当前不支持应用程序自定义冲突解决策略。
- 分布式数据服务针对每个应用程序当前的流控机制：KvStore 的接口一秒最多访问 1000 次，一分钟最多访问 10000 次；KvManager 的接口一秒最多访问 50 次，一分钟最多访问 500 次。
- 分布式数据库事件回调方法中不允许进行阻塞操作，例如修改 UI 组件。

9.2　分布式数据服务的开发步骤

本节介绍分布式数据服务的开发步骤。

9.2.1　导入模块

导入 distributedData 模块，代码如下：

```
// 导入 distributedData 模块
import distributedData from '@ohos.data.distributedData';
```

9.2.2　构造分布式数据库管理类实例

根据应用上下文创建 kvManagerConfig 对象。以下为创建分布式数据库管理器的代码示例：

```
let kvManager;
try {
    const kvManagerConfig = {
        bundleName : 'com.example.datamanagertest',
        userInfo : {
            userId : '0',
            userType : distributedData.UserType.SAME_USER_ID
        }
    }
    distributedData.createKVManager(kvManagerConfig, function (err, manager) {
        if (err) {
            console.log("createKVManager err: " + JSON.stringify(err));
            return;
        }
        console.log("createKVManager success");
        kvManager = manager;
    });
} catch (e) {
    console.log("An unexpected error occurred. Error:" + e);
}
```

9.2.3　获取/创建分布式数据库

声明需要创建的分布式数据库 ID 描述，创建分布式数据库，建议关闭自动同步功能（autoSync:false），需要同步时主动调用 sync 接口。以下为创建分布式数据库的代码示例：

```
let kvStore;
try {
  const options = {
    createIfMissing: true,
    encrypt: false,
    backup: false,
    autoSync: false,
```

```
        kvStoreType: distributedData.KVStoreType.SINGLE_VERSION,
        securityLevel: distributedData.SecurityLevel.S0
    };
    kvManager.getKVStore('storeId', options, function (err, store) {
        if (err) {
            console.log('getKVStore err: ${err}');
            return;
        }
        console.log('getKVStore success');
        kvStore = store;
    });
} catch (e) {
    console.log('An unexpected error occurred. Error:  ${e}');
}
```

9.2.4 订阅分布式数据库的数据变化

订阅分布式数据库的数据变化，数据变化后观察回调函数。

以下为将字符串类型键值数据写入分布式数据库的代码示例：

```
try {
    let kvStore;
    kvStore.on('dataChange', distributedData.SubscribeType.SUBSCRIBE_TYPE_
LOCAL, function (data) {
            console.log("dataChange callback call data: " + JSON.stringify(data));
        });
} catch (e) {
    console.log('An unexpected error occurred. Error:  ${e}');
}
```

9.2.5 将数据写入分布式数据库

构造需要写入分布式数据库的 Key 和 Value，将键值数据写入分布式数据库。以下为将字符串类型键值数据写入分布式数据库的代码示例：

```
const KEY_TEST_STRING_ELEMENT = 'key_test_string';
const VALUE_TEST_STRING_ELEMENT = 'value-test-string';
try {
    kvStore.put(KEY_TEST_STRING_ELEMENT, VALUE_TEST_STRING_ELEMENT, function
(err, data) {
            if (err != undefined) {
                console.log('put err: ${error}');
                return;
            }
            console.log('put success');
        });
} catch (e) {
    console.log('An unexpected error occurred. Error:  ${e}');
}
```

9.2.6 查询分布式数据库数据

构造需要从单版本分布式数据库中查询的 Key，从单版本分布式数据库中获取数据。以下为从分布式数据库中查询字符串类型数据的代码示例：

```
const KEY_TEST_STRING_ELEMENT = 'key_test_string';
const VALUE_TEST_STRING_ELEMENT = 'value-test-string';
try {
    kvStore.put(KEY_TEST_STRING_ELEMENT, VALUE_TEST_STRING_ELEMENT, function
(err, data) {
        if (err != undefined) {
            console.log('put err:  ${error}');
            return;
        }
        console.log('put success');
        kvStore.get(KEY_TEST_STRING_ELEMENT, function (err, data) {
            console.log('get success data:  ${data}');
        });
    });
} catch (e) {
    console.log('An unexpected error occurred. Error:  ${e}');
}
```

9.3 关系数据库概述

关系数据库（Relational Database，RDB）是一种基于关系模型来管理数据的数据库。HarmonyOS 关系数据库基于 SQLite 组件提供了一套完整的对本地数据库进行管理的机制，对外提供了一系列的增、删、改、查等接口，也可以直接运行用户输入的 SQL 语句来满足复杂的场景需要。当应用卸载后，其相关数据库会被自动清除。

9.3.1 基本概念

HarmonyOS 关系数据库包含如下概念。

- 关系数据库：基于关系模型来管理数据的数据库，以行和列的形式存储数据。
- 谓词：数据库中用来代表数据实体的性质、特征或者数据实体之间关系的词项，主要用来定义数据库的操作条件。
- 结果集：指用户查询之后的结果集合，可以对数据进行访问。结果集提供了灵活的数据访问方式，可以更方便地获取用户想要的数据。
- SQLite 数据库：一款遵守 ACID 特性的轻型开源关系数据库管理系统。ACID 特性具体为原子性（Atomicity）、一致性（Consistency）、隔离性（Isolation）和持久性（Durability）。

9.3.2　运作机制

关系数据库对外提供通用的操作接口，底层使用
SQLite 作为持久化存储引擎，支持 SQLite 具有的所有数
据库特性，包括但不限于事务、索引、视图、触发器、外
键、参数化查询和预编译 SQL 语句。

关系数据库的运作机制如图 9-2 所示。

9.3.3　默认配置与限制

默认配置与限制如下：

- 系统默认日志方式是 WAL（Write Ahead Log，预写
  日志）模式。
- 系统默认落盘方式是 FULL 模式。
- 数据库使用的共享内存默认大小是 2MB。
- 数据库中连接池的最大数量是 4 个，用以管理用户的
  读操作。
- 为保证数据的准确性，数据库同一时间只能支持一个
  写操作。

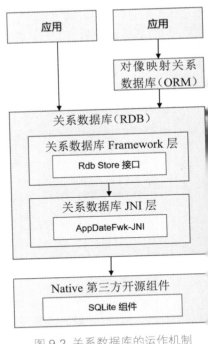

图 9-2　关系数据库的运作机制

⚙ 9.4　实战：关系数据库的开发　◀◀◀◀

本节以一个"账本"为例，使用关系数据库的相关接口实现对账单的增、删、改、查操作。
为了演示该功能，创建一个名为 ArkTSRdb 的应用。

9.4.1　操作 RdbStore

首先获取一个 RdbStore 来操作关系数据库。

在 src/main/ets 目录下创建名为 common 的目录，用于存放常用的工具类。在 common
录下创建工具类 RdbUtil，代码如下：

```
// 导入 rdb 模块
import data_rdb from '@ohos.data.rdb'
// 导入 context 模块
import context from '@ohos.application.context';

type Context = context.Context;
const STORE_CONFIG = { name: "rdbstore.db" }

export default class RdbUtil {
  private rdbStore: any = null;
  private tableName: string;
```

```
    private sqlCreateTable: string;
    private columns: Array<string>;

    constructor(tableName: string, sqlCreateTable: string, columns:
Array<string>) {
        this.tableName = tableName;
        this.sqlCreateTable = sqlCreateTable;
        this.columns = columns;
    }

    getRdbStore(callback) {
        // 如果已经获取到 RdbStore，则不进行操作
        if (this.rdbStore != null) {
            console.info('The rdbStore exists.');
            callback();
            return;
        }

        // 应用上下文，本例是使用 API9 Stage 模型的 Context
        let context: Context = getContext(this) as Context;
        data_rdb.getRdbStore(context, STORE_CONFIG, 1, (err, rdb) => {
            if (err) {
                console.error('gerRdbStore() failed, err: ' + err);
                return;
            }
            this.rdbStore = rdb;

            // 获取到 RdbStore 后，需要使用 executeSql 接口初始化数据库表结构和相关数据
            this.rdbStore.executeSql(this.sqlCreateTable);
            console.info('getRdbStore() finished.');
            callback();
        });
    }
}
```

为了对数据进行增、删、改、查操作，我们要封装对应的接口。关系数据库接口提供的增、删、改、查方法均有 callback 和 Promise 两种异步回调方式，本例使用 callback 异步回调。代码如下：

```
// 插入数据
insertData(data, callback) {
    let resFlag: boolean = false;        // 用于记录插入是否成功的 flag
    const valueBucket = data;            // 存储键-值对的类型，表示要插入表中的数据行
    this.rdbStore.insert(this.tableName, valueBucket, function (err, ret) {
        if (err) {
        console.error('Rdb', 'insertData() failed, err: ' + err);
        callback(resFlag);
        return;
        }
        callback(!resFlag);
    });
}

// 删除数据
```

```
deleteData(predicates, callback) {
    let resFlag: boolean = false;
    //predicates 表示待删除数据的操作条件
    this.rdbStore.delete(predicates, function (err, ret) {
        if (err) {
        console.error('Rdb', 'deleteData() failed, err: ' + err);
        callback(resFlag);
        return;
        }
        callback(!resFlag);
    });
}
// 更新数据
updateData(predicates, data, callback) {
    let resFlag: boolean = false;
    const valueBucket = data;
    this.rdbStore.update(valueBucket, predicates, function (err, ret) {
        if (err) {
        console.error('Rdb', 'updateData() failed, err: ' + err);
        callback(resFlag);
        return;
        }
        callback(!resFlag);
    });
}
// 查找数据
query(predicates, callback){
    //columns 表示要查询的列, 如果为空, 则表示查询所有列
    this.rdbStore.query(predicates, this.columns, function (err, resultSet)
        if (err) {
        console.error('Rdb', 'query() failed, err: ' + err);
        return;
        }
        callback(resultSet);       // 如果查找成功, 则返回 resultSet 结果集
        resultSet.close();         // 操作完成后关闭结果集
    });
}
```

9.4.2 账目信息的表示

由于需要记录账目的类型（收入/支出）、具体类别和金额，因此我们需要创建一张存
账目信息的表，SQL 脚本下：

```sql
CREATE TABLE IF NOT EXISTS accountTable(
    id INTEGER PRIMARY KEY AUTOINCREMENT,
    accountType INTEGER,
    typeText TEXT,
    amount INTEGER
)
```

accountTable 表的各字段含义如下。

- id：主键。
- accountType：账目类型。0 表示支出，1 表示收入。
- typeText：账目的具体类别。
- amount：账目金额。

在 src/main/ets 目录下创建名为 database 的目录，并在 database 目录下创建与上述脚本对应的类 AccountData，代码如下：

```
export default interface AccountData {
  id: number;
  accountType: number;
  typeText: string;
  amount: number;
}
```

9.4.3 操作账目信息表

在 database 目录下创建针对账目信息表的操作类 AccountTable。AccountTable 类封装了增、删、改、查接口。代码如下：

```
import data_rdb from '@ohos.data.rdb';
import RdbUtil from '../common/RdbUtil';
import AccountData from './AccountData';

const ACCOUNT_TABLE = {
  tableName: 'accountTable',
  sqlCreate: 'CREATE TABLE IF NOT EXISTS accountTable(' +
  'id INTEGER PRIMARY KEY AUTOINCREMENT, accountType INTEGER, ' +
  'typeText TEXT, amount INTEGER)',
  columns: ['id', 'accountType', 'typeText', 'amount']
};

export default class AccountTable {

  private accountTable = new RdbUtil(ACCOUNT_TABLE.tableName, ACCOUNT_TABLE.
sqlCreate,
    ACCOUNT_TABLE.columns);

  constructor(callback: Function = () => {}) {
    this.accountTable.getRdbStore(callback);
  }

  getRdbStore(callback: Function = () => {}) {
    this.accountTable.getRdbStore(callback);
  }

  // 插入数据
```

```
insertData(account: AccountData, callback) {
  // 根据输入数据创建待插入的数据行
  const valueBucket = generateBucket(account);
  this.accountTable.insertData(valueBucket, callback);
}

// 删除数据
deleteData(account: AccountData, callback) {
  let predicates = new data_rdb.RdbPredicates(ACCOUNT_TABLE.tableName);

  // 根据 id 匹配待删除的数据行
  predicates.equalTo('id', account.id);
  this.accountTable.deleteData(predicates, callback);
}

// 修改数据
updateData(account: AccountData, callback) {
  const valueBucket = generateBucket(account);
  let predicates = new data_rdb.RdbPredicates(ACCOUNT_TABLE.tableName);

  // 根据 id 匹配待修改的数据行
  predicates.equalTo('id', account.id);
  this.accountTable.updateData(predicates, valueBucket, callback);
}

// 查找数据
query(amount: number, callback, isAll: boolean = true){
  let predicates = new data_rdb.RdbPredicates(ACCOUNT_TABLE.tableName);

  // 是否查找全部数据
  if (!isAll) {
    predicates.equalTo('amount', amount);    // 根据金额匹配要查找的数据行
  }
  this.accountTable.query(predicates, function(resultSet) {
    let count = resultSet.rowCount;

    // 若查找结果为空，则返回空数组，否则返回查找结果数组
    if (count === 0 || typeof count === 'string') {
      console.log('Query no results!');
      callback([]);
    } else {
      resultSet.goToFirstRow();
      const result = [];
      for (let i = 0; i < count; i++) {
        let tmp: AccountData = { id: 0, accountType: 0, typeText: '',
amount: 0 };
        tmp.id = resultSet.getDouble(resultSet.getColumnIndex('id'));
        tmp.accountType = resultSet.getDouble(resultSet.getColumnIndex
('accountType'));
        tmp.typeText = resultSet.getString(resultSet.getColumnIndex
('typeText'));
        tmp.amount = resultSet.getDouble(resultSet.getColumnIndex
('amount'));
```

```
            result[i] = tmp;
            resultSet.goToNextRow();
          }
          callback(result);
        }
      });
    }
  }

  function generateBucket(account: AccountData) {
    let obj = {};
    ACCOUNT_TABLE.columns.forEach((item) => {
      if (item != 'id') {
        obj[item] = account[item];
      }
    });
    return obj;
  }
```

9.4.4 设计界面

为了简化程序，突出核心逻辑，我们的界面设计得非常简单，只是一个 Text 组件和 4 个 Button 组件。4 个 Button 组件用于触发增、删、改、查操作，而 Text 组件用于展示每次操作后的结果。修改 Index 代码如下：

```
// 导入 AccountData
import AccountData from '../database/AccountData';
// 导入 AccountTable
import AccountTable from '../database/AccountTable';

@Entry
@Component
struct Index {
  @State message: string = 'Hello World'
  private accountTable = new AccountTable();

  aboutToAppear() {
    // 初始化数据库
    this.accountTable.getRdbStore(() => {
      this.accountTable.query(0, (result) => {
        this.message = result;
      }, true);
    });
  }

  build() {
    Row() {
      Column() {
        Text(this.message)
          .fontSize(50)
```

```
                .fontWeight(FontWeight.Bold)

            // 增加
            Button(('增加'), { type: ButtonType.Capsule })
              .width(140)
              .fontSize(40)
              .fontWeight(FontWeight.Medium)
              .margin({ top: 20, bottom: 20 })
              .onClick(() => {
                let newAccount: AccountData = { id: 0, accountType: 0, typeText: '
苹果', amount: 0 };
                this.accountTable.insertData(newAccount, () => {
                })
              })

            // 查询
            Button(('查询'), { type: ButtonType.Capsule })
              .width(140)
              .fontSize(40)
              .fontWeight(FontWeight.Medium)
              .margin({ top: 20, bottom: 20 })
              .onClick(() => {
                this.accountTable.query(0, (result) => {
                  this.message = JSON.stringify(result);
                }, true);
              })

            // 修改
            Button(('修改'), { type: ButtonType.Capsule })
              .width(140)
              .fontSize(40)
              .fontWeight(FontWeight.Medium)
              .margin({ top: 20, bottom: 20 })
              .onClick(() => {
                let newAccount: AccountData = { id: 1, accountType: 1, typeText: '
栗子', amount: 1 };
                this.accountTable.updateData(newAccount, () => {
                })
              })

            // 删除
            Button(('删除'), { type: ButtonType.Capsule })
              .width(140)
              .fontSize(40)
              .fontWeight(FontWeight.Medium)
              .margin({ top: 20, bottom: 20 })
              .onClick(() => {
                let newAccount: AccountData = { id: 2, accountType: 1, typeText: '
栗子', amount: 1 };
                this.accountTable.deleteData(newAccount, () => {
                })
```

```
        })
      }
      .width('100%')
    }
    .height('100%')
  }
}
```

上述代码在 aboutToAppear 生命周期阶段初始化了数据库。单击"增加"按钮会将预设好的数据 { id: 0, accountType: 0, typeText: ' 苹果 ', amount: 0 } 写入数据库。单击"修改"按钮会将预设好的 { id: 1, accountType: 1, typeText: ' 栗子 ', amount: 1 } 的数据更新到数据库。单击"删除"按钮则会将预设好的 { id: 2, accountType: 1, typeText: ' 栗子 ', amount: 1 } 的数据从数据库删除。

9.4.5 运行

运行应用显示的界面效果如图 9-3 所示。

当用户单击"增加"按钮后，再单击"查询"按钮时，界面如图 9-4 所示，证明数据已经成功写入数据库。

再次单击"增加"按钮后，再单击"查询"按钮时，界面如图 9-5 所示，证明数据又一次成功写入数据库。

图 9-3 界面效果

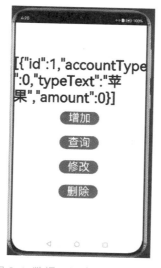

图 9-4 数据已经成功写入数据库

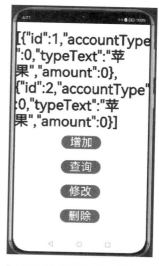

图 9-5 数据再次写入数据库

当用户单击"修改"按钮后，再单击"查询"按钮时，界面如图 9-6 所示，证明数据已经被修改并更新回数据库。

当用户单击"删除"按钮后，再单击"查询"按钮时，界面如图 9-7 所示，证明数据已经从数据库删除。

图 9-6　数据已经被修改并更新回数据库

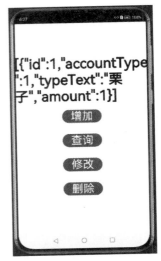

图 9-7　数据已经从数据库删除

9.5　首选项概述

首选项（Preferences）为应用提供键一值（Key－Value）型的数据存储能力，支持应用持久化轻量级数据，并对其进行增、删、除、改、查等。该存储对象中的数据会被缓存到内存中，因此它可以获得更快的存取速度。下面详细介绍首选项的开发过程。

9.5.1　首选项的运作机制

首选项的特点如下：

- 以键一值形式存储数据。键是不重复的关键字，Value 值是数据值。
- 非关系数据库。区别于关系数据库不保证遵循 ACID 特性，数据之间无关系。

应用也可以将缓存的数据再次写回文本文件中进行持久化存储，由于文件读写将产生不可避免的系统资源开销，建议应用降低对持久化文件的读写频率。

应用通过指定首选项持久化文件将其中的数据加载到 Preferences 实例，系统会通过静态容器将该实例存储到内存中，同一应用或进程中每个文件仅存在一个 Preferences 实例，直到应用主动从内存中移除该实例或者删除该首选项的持久化文件。

应用获取到首选项持久化文件对应的实例后，可以从 Preferences 实例中读取数据，或者将数据存入 Preferences 实例中。通过调用 flush 方法可以将 Preferences 实例中的数据回写到文件中。

首选项的运作机制如图 9-8 所示。

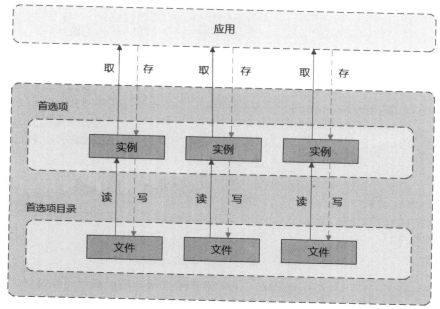

图 9-8 首选项的运作机制

9.5.2 约束与限制

使用首选项需要注意以下约束与限制：

- 因为 Preferences 实例会加载到内存中，建议存储的数据不超过一万条，并注意及时清理不再使用的实例，以便减少非内存开销。
- 数据中的 Key 为 String 类型，要求非空且字符长度不超过 80 字节。
- 当数据中的 Value 为 String 类型时，允许为空，字符长度不超过 8192 字节。

9.6 实战：首选项开发

本节以一个"账本"为例，使用首选项的相关接口实现对账单的增、删、改、查操作。为了演示该功能，创建一个名为 ArkTSPreferences 的应用。

9.6.1 操作 Preferences

首先要获取一个 Preferences 来操作首选项。

在 src/main/ets 目录下创建名为 common 的目录，用于存放常用的工具类。在 common 目录下创建工具类 PreferencesUtil，代码如下：

```
// 导入 preferences 模块
import dataPreferences from '@ohos.data.preferences';
// 导入 ctx 模块
import ctx from '@ohos.application.context';
```

```
    let context = getContext(this) as ctx.AbilityContext;
    const PREFERENCES_NAME = 'fruit.db';

    export default class PreferencesUtil {
      private preferences;
        // 调用 getPreferences 方法读取指定首选项的持久化文件
        // 将数据加载到 Preferences 实例，用于数据操作
        async getPreferencesFromStorage() {
          await dataPreferences.getPreferences(context, PREFERENCES_NAME).
then((data) => {
            this.preferences = data;
            console.info('Succeeded in getting preferences');
          }).catch((err) => {
            console.error('Failed to get preferences, Cause:' + err);
          });
        }
    }
```

为了对数据进行保存、查询、删除等操作，我们要封装对应的接口。首选项接口提供的保存、查询、删除方法均有 callback 和 Promise 两种异步回调方式，本例使用 Promise 异步回调。代码如下：

```
    // 将用户输入的数据保存到缓存的 Preference 实例中
    async putPreference(key: string, data: string) {
      if (this.preferences === null) {
          await this.getPreferencesFromStorage();
      }
      await this.preferences.put(key, data).then(() => {
          console.info('Succeeded in putting value');
      }).catch((err) => {
          console.error('Failed to get preferences, Cause:' + err);
      });
      // 将 Preference 实例存储到首选项持久化文件中
      await this.preferences.flush();
    }
    // 使用 Preferences 的 get 方法读取数据
    async getPreference(key: string) {
      let result = '';
      if (this.preferences === null) {
          await this.getPreferencesFromStorage();
      }
      await this.preferences.get(key, '').then((data) => {
          result = data;
          console.info('Succeeded in getting value');
      }).catch((err) => {
          console.error('Failed to get preferences, Cause:' + err);
      });

      return result;
```

```
    }
    // 从内存中移除指定文件对应的 Preferences 单实例
    // 移除 Preferences 单实例时，应用不允许再使用该实例进行数据操作，否则会出现数据一致性问题
    async deletePreferences() {
        await dataPreferences.deletePreferences(context, PREFERENCES_NAME).then(()
=> {
            console.info('Succeeded in delete preferences');
        }).catch((err) => {
            console.error('Failed to get preferences, Cause:' + err);
        });
        this.preferences = null;
    }
```

9.6.2　账目信息的表示

在 src/main/ets 目录下创建名为 database 的目录，并在 database 目录下创建类 AccountData，
代码如下：

```
export default interface AccountData {
    id: number;
    accountType: number;
    typeText: string;
    amount: number;
}
```

AccountData 各属性含义如下：

- id：主键。
- accountType：账目类型。0 表示支出，1 表示收入。
- typeText：账目的具体类别。
- amount：账目金额。

9.6.3　设计界面

为了简化程序，突出核心逻辑，我们的界面设计得非常简单，只是一个 Text 组件和 4 个
Button 组件。4 个 Button 组件用于触发增、删、改、查操作，而 Text 组件用于展示每次操作
后的结果。修改 Index 代码如下：

```
// 导入 PreferencesUtil
import PreferencesUtil from '../common/PreferencesUtil';
// 导入 AccountData
import AccountData from '../database/AccountData';

const PREFERENCES_KEY = 'fruit';

@Entry
@Component
struct Index {
    @State message: string = 'Hello World'
    private preferencesUtil = new PreferencesUtil();
```

```
async aboutToAppear() {
    // 初始化首选项
    await this.preferencesUtil.getPreferencesFromStorage();

    // 获取结果
    this.preferencesUtil.getPreference(PREFERENCES_KEY).then(resultData => {
        this.message = resultData;
    });
}

build() {
    Row() {
        Column() {
            Text(this.message)
                .fontSize(50)
                .fontWeight(FontWeight.Bold)

            // 增加
            Button(('增加'), { type: ButtonType.Capsule })
                .width(140)
                .fontSize(40)
                .fontWeight(FontWeight.Medium)
                .margin({ top: 20, bottom: 20 })
                .onClick(() => {
                    // 保存数据
                    let newAccount: AccountData = { id: 0, accountType: 0, typeText: '
苹果', amount: 0 };
                    this.preferencesUtil.putPreference(PREFERENCES_KEY, JSON.
stringify(newAccount));
                })

            // 查询
            Button(('查询'), { type: ButtonType.Capsule })
                .width(140)
                .fontSize(40)
                .fontWeight(FontWeight.Medium)
                .margin({ top: 20, bottom: 20 })
                .onClick(() => {
                    // 获取结果
                    this.preferencesUtil.getPreference(PREFERENCES_KEY).
then(resultData => {
                        this.message = resultData;
                    });
                })

            // 修改
            Button(('修改'), { type: ButtonType.Capsule })
                .width(140)
                .fontSize(40)
                .fontWeight(FontWeight.Medium)
                .margin({ top: 20, bottom: 20 })
                .onClick(() => {
                    // 修改数据
```

```
                let newAccount: AccountData = { id: 1, accountType: 1, typeText: '
栗子', amount: 1 };
                this.preferencesUtil.putPreference(PREFERENCES_KEY, JSON.
stringify(newAccount));
              })

          // 删除
          Button(('删除'), { type: ButtonType.Capsule })
            .width(140)
            .fontSize(40)
            .fontWeight(FontWeight.Medium)
            .margin({ top: 20, bottom: 20 })
            .onClick(() => {
              this.preferencesUtil.deletePreferences();
            })
      }
      .width('100%')
    }
    .height('100%')
  }
}
```

上述代码在 aboutToAppear 生命周期阶段初始化了 Preferences。单击"新增"按钮会将预设好的数据 { id: 0, accountType: 0, typeText: '苹果', amount: 0 } 写入 Preferences。单击"修改"按钮会将预设好的 { id: 1, accountType: 1, typeText: '栗子', amount: 1 } 的数据更新到 Preferences。单击"删除"按钮则会从内存中移除指定文件对应的 Preferences 单实例。

9.6.4　运行

运行应用显示的界面效果如图 9-9 所示。

当用户单击"增加"按钮后，再单击"查询"按钮时，界面如图 9-10 所示，证明数据已经成功写入 Preferences。

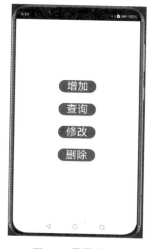

图 9-9　界面效果

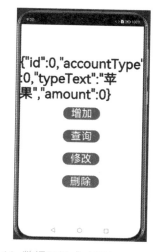

图 9-10　数据已经成功写入 Preferences

　　当用户单击"修改"按钮后，再单击"查询"按钮时，界面如图 9-11 所示，证明数据已经被修改并更新回 Preferences。

　　当用户单击"删除"按钮后，再单击"查询"按钮时，界面如图 9-12 所示，证明数据已经从 Preferences 删除。

图 9-11　数据已经被修改并更新回 Preferences

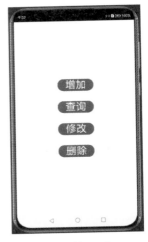

图 9-12　数据已经从 Preferences 删除

9.7　总结

　　本章介绍了 HarmonyOS 数据管理，重点介绍了分布式数据服务、关系数据库以及首选项的概念及用法。

9.8　习题

　　1. 判断题

　　（1）首选项是关系数据库。（　　）

　　（2）应用中涉及 Student 信息，如包含姓名、性别、年龄、身高等信息可以用首选项来存储。（　　）

　　（3）同一应用或进程中每个文件仅存在一个 Preferences 实例。（　　）

　　2. 单选题

　　（1）使用首选项要导入哪个包？（　　）

　　　　A. @ohos.data.rdb　　　　　　　　　B. @ohos.data.preferences

　　　　C. @ohos.router　　　　　　　　　　D. @ohos.data.storage

（2）首选项的数据持久化后放在哪里？（　）

　　A. 内存中　　　　　　B. 数据库表中　　　　C. 文件中　　　　　　D. 云端

（3）下面哪个接口不是首选项提供的 API 接口？（　）

　　A. get()　　　　　　B. update()　　　　　C. put()　　　　D. flush()

3. 多选题

（1）HarmonyOS 提供的数据管理方式有哪些？（　）

　　A. 首选项　　　　　　　　　　　　　　　B. 分布式数据服务
　　C. 关系数据库　　　　　　　　　　　　　D. 分布式数据对象

（2）下面的说法正确的是（　）。

　　A. 首选项遵循 ACID 特性
　　B. 首选项以 Key-Value 形式存取数据
　　C. 首选项存储数据的数量建议不超过 1 万条
　　D. 首选项的 Key 为 String 类型

第10章 ← Chapter 10

多媒体开发

本章开始介绍 HarmonyOS 的多媒体开发，包括音频、视频、图片相关组件及其在实际开发中的应用。

10.1 音频开发

音频模块支持音频业务的开发，提供与音频相关的功能，主要包括音频播放、音量管理等。

10.1.1 音频开发的基本概念

音频开发包含以下基本概念。

- 采样：采样是指将连续时域上的模拟信号按照一定的时间间隔采样，以获取离散时域上离散信号的过程。
- 采样率：采样率为每秒从连续信号中提取并组成离散信号的采样次数，单位用赫兹（Hz）来表示。通常人耳能听到频率范围大约在 20Hz ～ 20kHz 的声音。常用的音频采样频率有 8kHz、11.025kHz、22.05kHz、16kHz、37.8kHz、44.1kHz、48kHz 等。
- 声道：声道是指声音在录制或播放时在不同空间位置采集或回放的相互独立的音频信号，所以声道数也就是声音录制时的音源数量或回放时相应的扬声器数量。
- 音频帧：音频数据是流式的，本身没有明确的一帧帧的概念，在实际应用中，为了音频算法处理 / 传输的方便，一般约定俗成取 2.5~60ms 为单位的数据量为一帧音频。这个时间被称为"采样时间"，其长度没有特别的标准，是根据编解码器和具体应用的需求来决定的。
- 脉冲编码调制（Pulse Code Modulation，PCM）：脉冲编码调制是一种将模拟信号数字化的方法，是将时间连续、取值连续的模拟信号转换成时间离散、采样值离散的数字信号的过程。

10.1.2 音频播放开发指导

音频播放的主要工作是将音频数据信号转换为可听见的音频模拟信号，并通过输出设备进行播放，同时对播放任务进行管理，包括开始播放、暂停播放、停止播放、释放资源、设置音量、跳转播放位置、获取轨道信息等功能控制。

图 10-1 展示的是音频播放状态变化示意图。

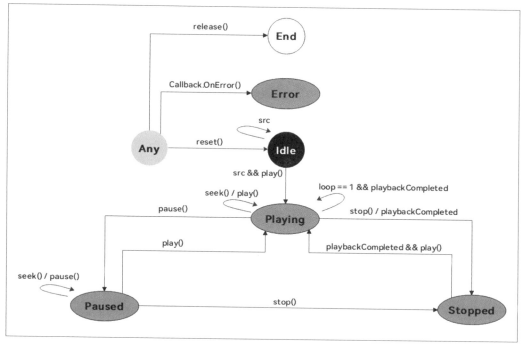

图 10-1　音频播放状态变化示意图

当前为 Idle 状态，设置 src 不会改变状态，且 src 设置成功后，不能再次设置其他 src，需调用 reset() 接口后，才能重新设置 src。

图 10-2 展示的是音频播放外部模块交互图。

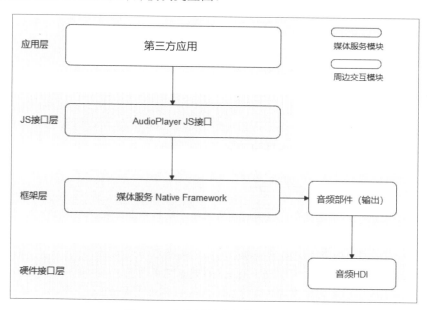

图 10-2　音频播放外部模块交互图

第三方应用通过调用 JS 接口层提供的 js 接口实现相应功能时，框架层会通过 Native Framework 的媒体服务调用音频部件，将软件解码后的音频数据输出至硬件接口层的音频 HDI，实现音频播放功能。

音频播放的全流程场景包含创建实例、设置 URI、播放音频、跳转播放位置、设置音量、暂停播放、获取轨道信息、停止播放、重置、释放资源等流程。

10.1.3　如何选择音频播放开发方式

在 HarmonyOS 系统中，多种 API 都提供了音频播放开发的支持，不同的 API 适用于不同的音频数据格式、音频资源来源、音频使用场景，甚至是不同的开发语言。因此，选择合适的音频播放 API 有助于降低开发工作量，实现更佳的音频播放效果。

常用的音频播放开发方式有以下 3 种。

- AVPlayer：功能较完善的音频、视频播放 ArkTS/JS API 集成了流媒体和本地资源解析、媒体资源解封装、音频解码和音频输出功能，可以用于直接播放 MP3、m4a 等格式的音频文件，不支持直接播放 PCM 格式的文件。
- AudioRenderer：用于音频输出的 ArkTS/JS API，仅支持 PCM 格式，需要应用持续写入音频数据进行工作。应用可以在输入前添加数据预处理，如设定音频文件的采样率、位宽等，要求开发者具备音频处理的基础知识，适用于更专业、更多样化的媒体播放应用开发。
- OpenSL ES：一套跨平台标准化的音频 Native API，目前阶段唯一的音频类 Native API，同样提供音频输出能力，仅支持 PCM 格式，适用于从其他嵌入式平台移植，或依赖在 Native 层实现音频输出功能的播放应用使用。

在音频播放中，应用时常需要用到一些急促简短的音效，如相机快门音效、按键音效、游戏射击音效等，当前只能使用 AVPlayer 播放音频文件替代实现，在 HarmonyOS 后续版本将会推出相关接口来支持该场景。

10.1.4　AVPlayer API 的开发步骤

AVPlayer API 的开发步骤如下：

（1）创建实例 createAVPlayer()，AVPlayer 初始化 idle 状态。设置业务需要的监听事件，搭配全流程场景使用。支持的监听事件说明如下。

- stateChange：监听播放器的 state 属性改变。
- error：监听播放器的错误信息。
- durationUpdate：用于进度条，监听进度条长度，刷新资源时长。
- timeUpdate：监听进度条当前位置，刷新当前时间。
- seekDone：响应 API 调用，监听 seek() 请求完成情况。
- speedDone：响应 API 调用，监听 setSpeed() 请求完成情况。
- volumeChange：响应 API 调用，监听 setVolume() 请求完成情况。

- bufferingUpdate：用于网络播放，监听网络播放缓冲信息，用于上报缓冲百分比以及缓存播放进度。
- audioInterrupt：监听音频焦点切换信息，搭配属性 audioInterruptMode 使用。

（2）设置资源：设置 URL 属性，AVPlayer 进入 initialized 状态。

（3）准备播放：调用 prepare() 方法，AVPlayer 进入 prepared 状态，此时可以获取视频的总时长（duration），也可以设置音量。

（4）音频播控：包括播放（play()）、暂停（pause()）、跳转（seek()）、停止（stop()）等操作。

（5）（可选）更换资源：调用 reset() 重置资源，AVPlayer 重新进入 idle 状态，允许更换资源 url。

（6）退出播放：调用 release() 销毁实例，AVPlayer 进入 released 状态，退出播放。

使用 AVPlayer API 播放音乐，示例如下：

```
import media from '@ohos.multimedia.media';
import fs from '@ohos.file.fs';
import common from '@ohos.app.ability.common';

export class AVPlayerDemo {
  private avPlayer;
  private count: number = 0;

  // 注册 avplayer 回调函数
  setAVPlayerCallback() {
    //seek 操作结果回调函数
    this.avPlayer.on('seekDone', (seekDoneTime) => {
      console.info('AVPlayer seek succeeded, seek time is ${seekDoneTime}');
    })
    //error 回调监听函数，当 avPlayer 在操作过程中出现错误时，调用 reset 接口触发重置流程
    this.avPlayer.on('error', (err) => {
      console.error('Invoke avPlayer failed, code is ${err.code}, message is ${err.message}');
      this.avPlayer.reset();            // 调用 reset 重置资源，触发 idle 状态
    })
    // 状态机变化回调函数
    this.avPlayer.on('stateChange', async (state, reason) => {
      switch (state) {
        case 'idle':                    // 成功调用 reset 接口后触发该状态机上报
          console.info('AVPlayer state idle called.');
          this.avPlayer.release();      // 调用 release 接口销毁实例对象
          break;
        case 'initialized':             //avplayer 设置播放源后触发该状态上报
          console.info('AVPlayerstate initialized called.');
          this.avPlayer.prepare().then(() => {
            console.info('AVPlayer prepare succeeded.');
          }, (err) => {
```

```
                    console.error('Invoke prepare failed, code is ${err.code}, message
        is ${err.message}');
                });
                break;
            case 'prepared':                            //prepare 调用成功后上报该状态机
                console.info('AVPlayer state prepared called.');
                this.avPlayer.play();                   // 调用播放接口开始播放
                break;
            case 'playing':                             //play 成功调用后触发该状态机上报
                console.info('AVPlayer state playing called.');
                if (this.count !== 0) {
                    console.info('AVPlayer start to seek.');
                    this.avPlayer.seek(this.avPlayer.duration); //seek 到音频末尾
                } else {
                    this.avPlayer.pause();              // 调用暂停接口暂停播放
                }
                this.count++;
                break;
            case 'paused':                              //pause 成功调用后触发该状态机上报
                console.info('AVPlayer state paused called.');
                this.avPlayer.play();                   // 再次播放接口开始播放
                break;
            case 'completed':                           // 播放结束后触发该状态机上报
                console.info('AVPlayer state completed called.');
                this.avPlayer.stop();                   // 调用播放结束接口
                break;
            case 'stopped':                             //stop 接口成功调用后触发该状态机上报
                console.info('AVPlayer state stopped called.');
                this.avPlayer.reset();                  // 调用 reset 接口初始化 avplayer 状态
                break;
            case 'released':
                console.info('AVPlayer state released called.');
                break;
            default:
                console.info('AVPlayer state unknown called.');
                break;
        }
    })
}

// 以下 demo 为使用 fs 文件系统打开沙箱地址获取媒体文件地址并通过 url 属性进行播放示例
async avPlayerUrlDemo() {
    // 创建 avPlayer 实例对象
    this.avPlayer = await media.createAVPlayer();
    // 创建状态机变化回调函数
    this.setAVPlayerCallback();
    let fdPath = 'fd://';
    // 通过 UIAbilityContext 获取沙箱地址 filesDir，以下为 Stage 模型的获取方式，如需以 FA
模型获，取请参考《访问应用沙箱》获取地址
    let context = getContext(this) as common.UIAbilityContext;
    let pathDir = context.filesDir;
```

```
    let path = pathDir + '/01.mp3';
    // 打开相应的资源文件地址获取 fd，并为 url 赋值触发 initialized 状态机上报
    let file = await fs.open(path);
    fdPath = fdPath + '' + file.fd;
    this.avPlayer.url = fdPath;
}

// 以下 demo 为使用资源管理接口获取打包在 HAP 内的媒体资源文件并通过 fdSrc 属性进行播放示例
async avPlayerFdSrcDemo() {
    // 创建 avPlayer 实例对象
    this.avPlayer = await media.createAVPlayer();
    // 创建状态机变化回调函数
    this.setAVPlayerCallback();
    // 通过 UIAbilityContext 的 resourceManager 成员的 getRawFd 接口获取媒体资源播放地址
    // 返回类型为 {fd,offset,length}，fd 为 HAP 包 fd 地址，offset 为媒体资源偏移量，length
    为播放长度
    let context = getContext(this) as common.UIAbilityContext;
    let fileDescriptor = await context.resourceManager.getRawFd('01.mp3');
    // 为 fdSrc 赋值触发 initialized 状态机上报
    this.avPlayer.fdSrc = fileDescriptor;
}
}
```

10.2 图片开发

应用开发中的图片开发是对图片像素数据进行解析、处理、构造的过程，以达到目标图片效果，主要涉及图片解码、图片处理、图片编码等。

10.2.1 图片开发的基本概念

在学习图片开发前，需要熟悉以下基本概念。

- 图片解码：是指将所支持格式的存档图片解码成统一的 PixelMap，以便在应用或系统中进行图片显示或图片处理。当前支持的存档图片格式包括 JPEG、PNG、GIF、RAW、WebP、BMP、SVG。
- PixelMap：是指图片解码后无压缩的位图，用于图片显示或图片处理。
- 图片处理：是指对 PixelMap 进行相关的操作，如旋转、缩放、设置透明度、获取图片信息、读写像素数据等。
- 图片编码：是指将 PixelMap 编码成不同格式的存档图片（当前仅支持 JPEG 和 WebP），用于后续处理，如保存、传输等。

除上述基本图片开发功能外，HarmonyOS 还提供了常用的图片工具供开发者选择使用。

10.2.2 图片开发的主要流程

图片开发的主要流程如图 10-3 所示。

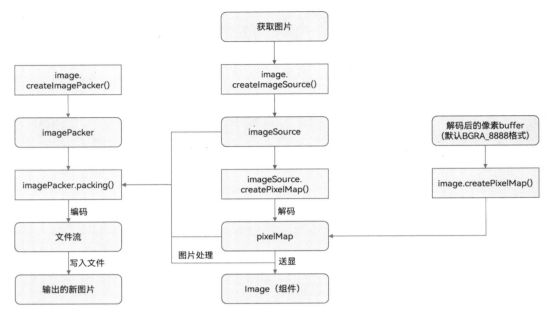

图 10-3 图片开发流程示意图

- 获取图片：通过应用沙箱等方式获取原始图片。创建 ImageSource 实例，ImageSource 是图片解码出来的图片源类，用于获取或修改图片相关信息。
- 图片解码：通过 ImageSource 解码生成 PixelMap。
- 图片处理：对 PixelMap 进行处理，更改图片属性实现图片的旋转、缩放、裁剪等效果。然后通过 Image 组件显示图片。
- 图片编码：使用图片打包器类 ImagePacker 将 PixelMap 或 ImageSource 进行压缩编码，生成一幅新的图片。

10.2.3 图片解码

图片解码是指将所支持格式的存档图片解码成统一的 PixelMap，以便在应用或系统中进行图片显示或图片处理。当前支持的存档图片格式包括 JPEG、PNG、GIF、RAW、WebP、BMP、SVG。

图片解码的开发步骤如下：

步骤01 全局导入 Image 模块。

```
import image from '@ohos.multimedia.image';
```

步骤02 获取图片，方法有以下 3 种。

方法一：获取沙箱路径。具体请参考获取应用文件路径。应用沙箱的介绍及如何向应用沙箱推送文件，请参考文件管理。

```
//Stage 模型参考如下代码
const context = getContext(this);
const filePath = context.cacheDir + '/test.jpg';
```

方法二：通过沙箱路径获取图片的文件描述符。具体请参考 file.fs API 参考文档。该方法需要先导入 @ohos.file.fs 模块。

```
import fs from '@ohos.file.fs';
```

然后调用 fs.openSync() 获取文件描述符。

```
//Stage 模型参考如下代码
const context = getContext(this);
const filePath = context.cacheDir + '/test.jpg';
const file = fs.openSync(filePath, fs.OpenMode.READ_WRITE);
const fd = file?.fd;
```

方法三：通过资源管理器获取资源文件的 ArrayBuffer。具体请参考 ResourceManager API 参考文档。

```
//Stage 模型
const context = getContext(this);
// 获取 resourceManager 资源管理器
const resourceMgr = context.resourceManager;
```

不同模型获取资源管理器的方式不同，获取资源管理器后，再调用 resourceMgr.getRawFileContent() 获取资源文件的 ArrayBuffer。

```
const fileData = await resourceMgr.getRawFileContent('test.jpg');
// 获取图片的 ArrayBuffer
const buffer = fileData.buffer;
```

步骤 03 创建 ImageSource 实例。

方法一：通过沙箱路径创建 ImageSource。沙箱路径可以通过步骤 02 的方法一获取。

```
//path 为已获得的沙箱路径
const imageSource = image.createImageSource(filePath);
```

方法二：通过文件描述符 fd 创建 ImageSource。文件描述符可以通过步骤 02 的方法二获取。

```
//fd 为已获得的文件描述符
const imageSource = image.createImageSource(fd);
```

方法三：通过缓冲区数组创建 ImageSource。缓冲区数组可以通过步骤 02 的方法三获取。

```
const imageSource = image.createImageSource(buffer);
```

步骤 04 设置解码参数 DecodingOptions，解码获取 PixelMap 图片对象。

```
let decodingOptions = {
    editable: true,
    desiredPixelFormat: 3,
}
// 创建 pixelMap 并进行简单的旋转和缩放
const pixelMap = await imageSource.createPixelMap(decodingOptions);
```

解码完成并获取到 PixelMap 对象后，可以进行后续的图片处理。

10.2.4 图像变换

图像变换的开发步骤如下：

步骤 01　完成图片解码，获取 Pixelmap 对象。

步骤 02　获取图片信息。

```
// 获取图片大小
pixelMap.getImageInfo().then( info => {
  console.info('info.width = ' + info.size.width);
  console.info('info.height = ' + info.size.height);
}).catch((err) => {
  console.error("Failed to obtain the image pixel map information.And the
error is: " + err);
});
```

步骤 03　进行图像变换操作。

图 10-4 展示的是图片的原图。

通过以下步骤对图片进行裁剪：

```
//x: 裁剪起始点横坐标 0
//y: 裁剪起始点纵坐标 0
//height: 裁剪高度为 400，方向为从上往下（裁剪后的图片高度为 400）
//width: 裁剪宽度为 400，方向为从左到右（裁剪后的图片宽度为 400）
pixelMap.crop({ x: 0, y: 0, size: { height: 400, width: 400 } });
```

裁剪结果如图 10-5 所示。

图 10-4　图片的原图

图 10-5　图片裁剪后的效果

通过以下步骤对图片进行缩放：

```
// 宽为原来的 0.5 倍
// 高为原来的 0.5 倍
pixelMap.scale(0.5, 0.5);
```

缩放结果如图 10-6 所示。

通过以下步骤对图片进行偏移：

```
// 向下偏移 100
// 向右偏移 100
pixelMap.translate(100, 100);
```

偏移结果如图 10-7 所示。

图 10-6　图片缩放后的效果

图 10-7　图片偏移后的效果

通过以下步骤对图片进行旋转：

```
// 顺时针旋转 90°
pixelMap.rotate(90);
```

旋转结果如图 10-8 所示。

通过以下步骤对图片进行垂直翻转：

```
// 垂直翻转
pixelMap.flip(false, true);
```

翻转结果如图 10-9 所示。

图 10-8　图片旋转后的效果

图 10-9　图片垂直翻转后的效果

通过以下步骤对图片进行水平翻转：

```
// 水平翻转
pixelMap.flip(true, false);
```

翻转结果如图 10-10 所示。

通过以下步骤对图片设置透明度：

```
// 透明度为 0.5
pixelMap.opacity(0.5);
```

设置透明度后的结果如图 10-11 所示。

图 10-10　图片水平翻转后的效果　　　　　　图 10-11　图片设置透明度后的效果

10.2.5　位图操作

当需要对目标图片中的部分区域进行处理时，可以使用位图操作功能。此功能常用于图片美化等操作。

如图 10-12 所示为一幅图片中，将指定的矩形区域的像素数据读取出来并进行修改后，再写回原图片的对应区域。

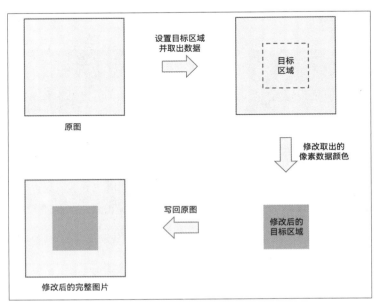

图 10-12　位图操作示意图

位图操作的开发步骤如下：

步骤 01　完成图片解码，获取 PixelMap 位图对象。

步骤 02　从 PixelMap 位图对象中获取信息。

```
// 获取图像像素的总字节数
let pixelBytesNumber = pixelMap.getPixelBytesNumber();
// 获取图像像素每行的字节数
let rowCount = pixelMap.getBytesNumberPerRow();
// 获取当前图像像素密度。像素密度是指每英寸图片所拥有的像素数量。像素密度越大，图片越精细
let getDensity = pixelMap.getDensity();
```

步骤 03　读取并修改目标区域的像素数据，然后写回原图。

```
// 场景一：将读取的整张图像的像素数据结果写入 ArrayBuffer 中
const readBuffer = new ArrayBuffer(pixelBytesNumber);
pixelMap.readPixelsToBuffer(readBuffer).then(() => {
  console.info('Succeeded in reading image pixel data.');
}).catch(error => {
  console.error('Failed to read image pixel data. And the error is: ' + error);
})

// 场景二：读取指定区域内的图片数据，结果写入 area.pixels 中
const area = {
  pixels: new ArrayBuffer(8),
  offset: 0,
  stride: 8,
  region: { size: { height: 1, width: 2 }, x: 0, y: 0 }
}
pixelMap.readPixels(area).then(() => {
  console.info('Succeeded in reading the image data in the area.');
}).catch(error => {
  console.error('Failed to read the image data in the area. And the error is:
' + error);
})

// 对于读取的图片数据，可以独立使用（创建新的 pixelMap），也可以对 area.pixels 进行修改
// 将图片数据 area.pixels 写入指定区域内
pixelMap.writePixels(area).then(() => {
  console.info('Succeeded to write pixelMap into the specified area.');
})

// 将图片数据结果写入 pixelMap 中
const writeColor = new ArrayBuffer(96);
pixelMap.writeBufferToPixels(writeColor, () => {});
```

10.2.6　图片编码

图片编码的开发步骤如下：

步骤 01　创建图像编码 ImagePacker 对象。

```
// 导入相关模块包
import image from '@ohos.multimedia.image';

const imagePackerApi = image.createImagePacker();
```

步骤 02 设置编码输出流和编码参数。 format 为图像的编码格式；quality 为图像质量，范围为 0 ~ 100，100 为最佳质量。

```
let packOpts = { format:"image/jpeg", quality:98 };
```

步骤 03 创建 PixelMap 对象或创建 ImageSource 对象。

步骤 04 进行图片编码，并保存编码后的图片。

方法一：通过 PixelMap 进行编码。

```
imagePackerApi.packing(pixelMap, packOpts).then( data => {
  //data 为打包获取到的文件流，写入文件保存即可得到一幅图片
}).catch(error => {
  console.error('Failed to pack the image. And the error is: ' + error);
})
```

方法二：通过 imageSource 进行编码。

```
imagePackerApi.packing(imageSource, packOpts).then( data => {
    //data 为打包获取到的文件流，写入文件保存即可得到一幅图片
}).catch(error => {
  console.error('Failed to pack the image. And the error is: ' + error);
})
```

10.2.7 图片工具

图片工具当前主要提供图片 EXIF 信息的读取与编辑能力。EXIF（Exchangeable Image File Format）是专门为数码相机的照片设定的文件格式，可以记录数码照片的属性信息和拍摄数据，当前仅支持 JPEG 格式的图片。在图库等应用中，需要查看或修改数码照片的 EXIF 信息。由于摄像机的手动镜头的参数无法自动写入 EXIF 信息中或者因为相机断电等原因经常导致拍摄时间出错，这时就需要手动修改错误的 EXIF 数据，才能使用本功能。

HarmonyOS 目前仅支持对部分 EXIF 信息的查看和修改。

EXIF 信息的读取与编辑的开发步骤如下：

步骤 01 获取图片，创建图片源 ImageSource。

```
// 导入相关模块包
import image from '@ohos.multimedia.image';

// 获取沙箱路径创建 ImageSource
const fd = ...; // 获取需要被处理的图片的 fd
const imageSource = image.createImageSource(fd);
```

步骤 02 读取、编辑 EXIF 信息。

```
// 读取 EXIF 信息，BitsPerSample 为每个像素的比特数
imageSource.getImageProperty('BitsPerSample', (error, data) => {
  if (error) {
    console.error('Failed to get the value of the specified attribute key of
the image.And the error is: ' + error);
  } else {
    console.info('Succeeded in getting the value of the specified attribute key
of the image ' + data);
  }
})

// 编辑 EXIF 信息
imageSource.modifyImageProperty('ImageWidth', '120').then(() => {
  const width = imageSource.getImageProperty("ImageWidth");
  console.info('The new imageWidth is ' + width);
})
```

10.3 视频开发

在 HarmonyOS 系统中，提供以下两种视频播放开发的方案。

- AVPlayer：功能较完善的音视频播放 ArkTS/JS API，集成了流媒体和本地资源解析、媒体资源解封装、视频解码和渲染功能，适用于对媒体资源进行端到端播放的场景，可直接播放 MP4、MKV 等格式的视频文件。
- Video 组件：封装了视频播放的基础能力，设置数据源和基础信息即可播放视频，但相对扩展能力较弱。Video 组件由 ArkUI 提供能力，相关指导请参考 4.2 节。

本节重点介绍如何使用 AVPlayer 开发视频播放功能，以完整地播放一个视频作为示例，实现端到端播放原始媒体资源。

10.3.1 视频开发指导

视频播放的全流程包括创建 AVPlayer、设置播放资源和窗口、设置播放参数（音量 / 倍速 / 缩放模式）、播放控制（播放 / 暂停 / 跳转 / 停止）、重置、销毁资源。在进行应用开发的过程中，开发者可以通过 AVPlayer 的 state 属性主动获取当前状态或使用 on('stateChange') 方法监听状态变化。如果应用在视频播放器处于错误状态时执行操作，则系统可能会抛出异常或生成其他未定义的行为。

图 10-13 展示的是视频播放状态变化示意图。

状态的详细说明请参考 AVPlayerState。当播放处于 prepared/playing/paused/completed 状态时，播放引擎处于工作状态，这需要占用系统较多的运行内存。当客户端暂时不使用播放器时，调用 reset() 或 release() 回收内存资源，做好资源利用。

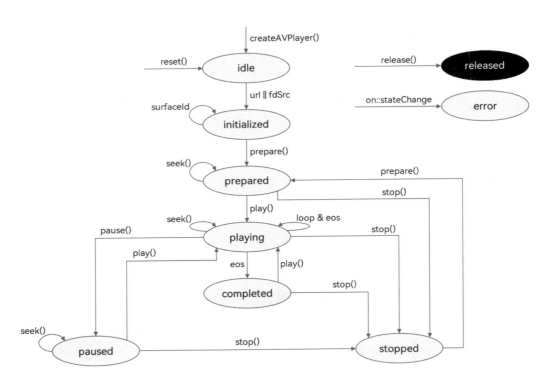

图 10-13　视频播放状态变化示意图

10.3.2　视频开发步骤

AVPlayer 开发视频播放功能的步骤如下：

步骤 01　创建实例 createAVPlayer()，AVPlayer 初始化 idle 状态。设置业务需要的监听事件，搭配全流程场景使用。支持的监听事件说明如下：

- stateChange：监听播放器的 state 属性改变。
- error：监听播放器的错误信息。
- durationUpdate：用于进度条，监听进度条长度，刷新资源时长。
- timeUpdate：监听进度条当前位置，刷新当前时间。
- seekDone：响应 API 调用，监听 seek() 请求完成情况。
- speedDone：响应 API 调用，监听 setSpeed() 请求完成情况。
- volumeChange：响应 API 调用，监听 setVolume() 请求完成情况。
- bitrateDone：响应 API 调用，用于 HLS 协议流，监听 setBitrate() 请求完成情况。
- availableBitrates：用于 HLS 协议流，监听 HLS 资源的可选 bitrates，用于 setBitrate()。
- bufferingUpdate：用于网络播放，监听网络播放缓冲信息。
- startRenderFrame：用于视频播放，监听视频播放首帧渲染时间。
- videoSizeChange：用于视频播放，监听视频播放的宽高信息，可用于调整窗口大小和比例。
- audioInterrupt：监听音频焦点切换信息，搭配属性 audioInterruptMode 使用。

步骤 02 设置资源：设置属性 url，AVPlayer 进入 initialized 状态。

步骤 03 设置窗口：获取并设置属性 SurfaceID，用于设置显示画面。应用需要从 XComponent 组件获取 surfaceID。

步骤 04 准备播放：调用 prepare()，AVPlayer 进入 prepared 状态，此时可以获取 duration，设置缩放模式、音量等。

步骤 05 视频播控：包括播放（play()）、暂停（pause()）、跳转（seek()）、停止（stop()）等操作。

步骤 06 （可选）更换资源：调用 reset() 重置资源，AVPlayer 重新进入 idle 状态，允许更换资源 url。

步骤 07 退出播放：调用 release() 销毁实例，AVPlayer 进入 released 状态，退出播放。

完整示例如下：

```
import media from '@ohos.multimedia.media';
import fs from '@ohos.file.fs';
import common from '@ohos.app.ability.common';

export class AVPlayerDemo {
  private avPlayer;
  private count: number = 0;
  private surfaceID: string; //surfaceID 用于播放画面显示，具体的值需要通过 Xcomponent
                             // 接口获取，相关文档链接见上面 Xcomponent 的创建方法

  // 注册 avplayer 回调函数
  setAVPlayerCallback() {
    //seek 操作结果回调函数
    this.avPlayer.on('seekDone', (seekDoneTime) => {
      console.info('AVPlayer seek succeeded, seek time is ${seekDoneTime}');
    })
    //error 回调监听函数，当 avPlayer 在操作过程中出现错误时，调用 reset 接口触发重置流程
    this.avPlayer.on('error', (err) => {
      console.error('Invoke avPlayer failed, code is ${err.code}, message is
${err.message}');
      this.avPlayer.reset();              // 调用 reset 重置资源，触发 idle 状态
    })
    // 状态机变化回调函数
    this.avPlayer.on('stateChange', async (state, reason) => {
      switch (state) {
        case 'idle':                      // 成功调用 reset 接口后触发该状态机上报
          console.info('AVPlayer state idle called.');
          this.avPlayer.release();        // 调用 release 接口销毁实例对象
          break;
        case 'initialized':               //avplayer 设置播放源后触发该状态上报
          console.info('AVPlayerstate initialized called.');
          this.avPlayer.surfaceId = this.surfaceID; // 设置显示画面，当播放的资源为
纯音频时无须设置
```

```
            this.avPlayer.prepare().then(() => {
              console.info('AVPlayer prepare succeeded.');
            }, (err) => {
              console.error('Invoke prepare failed, code is ${err.code}, message
is ${err.message}');
            });
            break;
          case 'prepared':              //prepare 调用成功后上报该状态机
            console.info('AVPlayer state prepared called.');
            this.avPlayer.play();        // 调用播放接口开始播放
            break;
          case 'playing':              //play 成功调用后触发该状态机上报
            console.info('AVPlayer state playing called.');
            if (this.count !== 0) {
              console.info('AVPlayer start to seek.');
              this.avPlayer.seek(this.avPlayer.duration); //seek 到视频末尾
            } else {
              this.avPlayer.pause();      // 调用暂停接口暂停播放
            }
            this.count++;
            break;
          case 'paused':               //pause 成功调用后触发该状态机上报
            console.info('AVPlayer state paused called.');
            this.avPlayer.play();        // 播放接口再次开始播放
            break;
          case 'completed':            // 播放结束后触发该状态机上报
            console.info('AVPlayer state completed called.');
            this.avPlayer.stop();        // 调用播放结束接口
            break;
          case 'stopped':              //stop 接口成功调用后触发该状态机上报
            console.info('AVPlayer state stopped called.');
            this.avPlayer.reset();       // 调用 reset 接口初始化 avplayer 状态
            break;
          case 'released':
            console.info('AVPlayer state released called.');
            break;
          default:
            console.info('AVPlayer state unknown called.');
            break;
        }
      })
    }
    // 以下 demo 为使用 fs 文件系统打开沙箱地址获取媒体文件地址并通过 url 属性进行播放示例
    async avPlayerUrlDemo() {
      // 创建 avPlayer 实例对象
      this.avPlayer = await media.createAVPlayer();
      // 创建状态机变化回调函数
      this.setAVPlayerCallback();
      let fdPath = 'fd://';
      let context = getContext(this) as common.UIAbilityContext;
```

```
// 通过 UIAbilityContext 获取沙箱地址 filesDir，以下为 Stage 模型的获取方式，如需以 FA
模型获取，请参考《访问应用沙箱》获取地址
    let pathDir = context.filesDir;
    let path = pathDir  + '/H264_AAC.mp4';
    // 打开相应的资源文件地址获取 fd，并为 url 赋值触发 initialized 状态机上报
    let file = await fs.open(path);
    fdPath = fdPath + '' + file.fd;
    this.avPlayer.url = fdPath;
}

// 以下 demo 为使用资源管理接口获取打包在 HAP 内的媒体资源文件并通过 fdSrc 属性进行播放示例
async avPlayerFdSrcDemo() {
    // 创建 avPlayer 实例对象
    this.avPlayer = await media.createAVPlayer();
    // 创建状态机变化回调函数
    this.setAVPlayerCallback();
    // 通过 UIAbilityContext 的 resourceManager 成员的 getRawFd 接口获取媒体资源播放地址
    // 返回类型为 {fd,offset,length}，fd 为 HAP 包 fd 地址，offset 为媒体资源偏移量，length
为播放长度
    let context = getContext(this) as common.UIAbilityContext;
    let fileDescriptor = await context.resourceManager.getRawFd('H264_AAC.mp4');
    // 为 fdSrc 赋值触发 initialized 状态机上报
    this.avPlayer.fdSrc = fileDescriptor;
}
}
```

10.4　实战：实现视频播放器

本节介绍使用 ArkTS 语言实现视频播放器，主要包括视频获取和视频播放功能：

- 获取本地视频。
- 通过 AVPlayer 进行视频播放。

为了演示该功能，创建一个名为 ArkTSVideoPlayer 的应用。

10.4.1　获取本地视频

1 准备资源文件

在 resources 下的 rawfile 文件夹中放置两个视频
文件 video1.mp4 和 video2.mp4，作为本例的视频素材，
如图 10-14 所示。

2 创建视频文件对象 VideoBean

在 ets 目录下创建一个新的目录 common/bean，
在该目录下创建视频文件对象 VideoBean.ets，用来表
示视频的信息，代码如下：

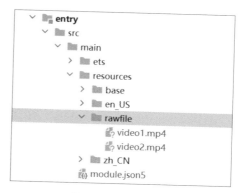

图 10-14　视频文件

```
import image from '@ohos.multimedia.image';

@Observed export class VideoBean {
  name: string;
  src: string;
  pixelMap?: image.PixelMap;

  constructor(name: string, src: string, pixelMap?: image.PixelMap) {
    this.name = name;
    this.src = src;
    this.pixelMap = pixelMap;
  }
}
```

3 获取本地文件

在 ets 目录下创建一个新的目录 viewmodel，在该目录下创建获取视频文件的对象 HomeVideoListModel.ets。HomeVideoListModel 可以通过 resourceManager.ResourceManager 对象获取 rawfile 文件夹中的本地视频文件，再通过 fd://${videoBean.fd} 组装视频地址。

```
import { VideoBean } from '../common/bean/VideoBean';
import { VIDEO_DATA } from '../common/constants/CommonConstants';
export class HomeVideoListModel {
  private videoLocalList: Array<VideoBean> = [];

  /**
   * 获取本地视频
   */
  async getLocalVideo() {
    this.videoLocalList = [];
    await this.assemblingVideoBean();
    globalThis.videoLocalList = this.videoLocalList;
    return this.videoLocalList;
  }

  /**
   * 组装本地视频对象
   */
  async assemblingVideoBean () {
    VIDEO_DATA.forEach(async (item: VideoBean) => {
      let videoBean = await globalThis.resourceManager.getRawFd(item.src);
      let uri = 'fd://${videoBean.fd}';
      this.videoLocalList.push(new VideoBean(item.name, uri));
    });
  }
}

let homeVideoListModel = new HomeVideoListModel();
export default homeVideoListModel as HomeVideoListModel;
```

CommonConstants.ets 用于存放常量，而 VIDEO_DATA 用于存储视频列表信息，代码如下：

```
import { VideoBean } from '../bean/VideoBean';
/**
 * 常量
 */
export class CommonConstants {
  /**
   * 比例
   */
  static readonly FULL_PERCENT: string = '100%';
  static readonly NINETY_PERCENT: string = '90%';
  static readonly FIFTY_PERCENT: string = '50%';

  /**
   * 播放其页面路径
   */
  static readonly PAGE: string = 'pages/Index';

  /**
   * 本地视频 ID
   */
  static readonly TYPE_LOCAL: number = 0;

  /**
   * 开始
   */
  static readonly STATUS_START: number = 1;

  /**
   * 暂停
   */
  static readonly STATUS_PAUSE: number = 2;

  /**
   * 停止
   */
  static readonly STATUS_STOP: number = 3;

  /**
   * 比例
   */
  static readonly ASPECT_RATIO: number = 1;

  /**
   * 一百
   */
  static readonly ONE_HUNDRED: number = 100;

  /**
   * 一千
   */
  static readonly A_THOUSAND: number = 1000;

  /**
   * 设置速度
   */
```

```
    static readonly SPEED_ARRAY = [
      { text: '0.75X', value: 0 },
      { text: '1.0X', value: 1 },
      { text: '1.25X', value: 2 },
      { text: '1.75X', value: 3 },
      { text: '2.0X', value: 4 }
    ];
    /**
     * 分转秒
     */
    static readonly TIME_UNIT: number = 60;

    /**
     * 初始时间单位
     */
    static readonly INITIAL_TIME_UNIT: string = '00';

    /**
     * 填充间距
     */
    static readonly PADDING_LENGTH: number = 2;

    /**
     * 填充间距
     */
    static readonly PADDING_STR: string = '0';

    /**
     * 屏幕状态
     */
    static readonly SCREEN_OFF: string = 'usual.event.SCREEN_OFF';

    /**
     * 操作状态
     */
    static readonly OPERATE_STATE: Array<string> = ['prepared','playing',
'paused', 'completed'];
  }

  /**
   * 播放器组件状态
   */
  export enum AvplayerStatus {
    IDLE = 'idle',
    INITIALIZED = 'initialized',
    PREPARED = 'prepared',
    PLAYING = 'playing',
    PAUSED = 'paused',
    COMPLETED = 'completed',
    STOPPED = 'stopped',
    RELEASED = 'released',
    ERROR = 'error'
  }
```

```
/**
 * AVPlayer 绑定事件
 */
export enum Events {
  STATE_CHANGE = 'stateChange',
  TIME_UPDATE = 'timeUpdate',
  ERROR = 'error'
}

/**
 * 视频集合
 */
export const VIDEO_DATA: VideoBean[] = [
  {
    'name': 'video1',
    'src': 'video1.mp4'
  },
  {
    'name': 'video2',
    'src': 'video2.mp4'
  }
]
```

10.4.2 视频播放控制

在 ets 目录下创建一个新的目录 controller，在该目录下创建视频播放控制器 VideoController.ets。

1 构建 AVPlayer 实例对象

使用 AVPlayer 前需要通过 createAVPlayer() 构建一个实例对象，并为 AVPlayer 实例绑定状态机状态 AVPlayerState。

```
import media from '@ohos.multimedia.media';
import prompt from '@ohos.promptAction';
import Logger from '../common/util/Logger';
import DateFormatUtil from '../common/util/DateFormatUtil';
import { CommonConstants, AvplayerStatus, Events } from '../common/constants/
CommonConstants';
import { PlayConstants } from '../common/constants/PlayConstants';

@Observed
export class VideoController {
  private avPlayer;
  private duration: number = 0;
  private status: number;
  private loop: boolean = false;
  private index: number;
  private url: string;
  private surfaceId: number;
  private playSpeed: number = PlayConstants.PLAY_PAGE.PLAY_SPEED;
```

```
private seekTime: number = PlayConstants.PLAY_PROGRESS.SEEK_TIME;
private progressThis;
private playerThis;
private playPageThis;
private titleThis;

constructor() {
  this.createAVPlayer();
}

/**
 * 创建 videoPlayer 对象
 */
createAVPlayer() {
  media.createAVPlayer().then((avPlayer) => {
    if (avPlayer) {
      this.avPlayer = avPlayer;
      this.bindState();
    } else {
      Logger.error('[PlayVideoModel] createAvPlayer fail!');
    }
  });
}

/**
 * AVPlayer 绑定事件
 */
bindState() {
  this.avPlayer.on(Events.STATE_CHANGE, async (state) => {
    switch (state) {
      case AvplayerStatus.IDLE:
        this.resetProgress();
        this.avPlayer.url = this.url;
        break;
      case AvplayerStatus.INITIALIZED:
        this.avPlayer.surfaceId = this.surfaceId;
        this.avPlayer.prepare();
        break;
      case AvplayerStatus.PREPARED:
        this.avPlayer.videoScaleType = 0;
        this.setVideoSize();
        this.avPlayer.play();
        this.duration = this.avPlayer.duration;
        break;
      case AvplayerStatus.PLAYING:
        this.avPlayer.setVolume(this.playerThis.volume);
        this.setBright();
        this.status = CommonConstants.STATUS_START;
        this.watchStatus();
        break;
      case AvplayerStatus.PAUSED:
        this.status = CommonConstants.STATUS_PAUSE;
```

```
      this.watchStatus();
      break;
    case AvplayerStatus.COMPLETED:
      this.titleThis.playSpeed = 1;
      this.duration = PlayConstants.PLAY_PLAYER.DURATION;
      if (!this.loop) {
        let curIndex = this.index + PlayConstants.PLAY_PLAYER.NEXT;
        this.index = (curIndex === globalThis.videoList.length) ?
        PlayConstants.PLAY_PLAYER.FIRST : curIndex;
        this.url = globalThis.videoList[this.index].src;
      } else {
        this.url = this.avPlayer.url;
      }
      this.avPlayer.reset();
      break;
    case AvplayerStatus.RELEASED:
      this.avPlayer.release();
      this.status = CommonConstants.STATUS_STOP;
      this.watchStatus();
      Logger.info('[PlayVideoModel] state released called')
      break;
    default:
      Logger.info('[PlayVideoModel] unKnown state: ' + state);
      break;
  }
});
this.avPlayer.on(Events.TIME_UPDATE, (time: number) => {
  this.initProgress(time);
});
this.avPlayer.on(Events.ERROR, (error) => {
  this.playError();
})
  }

  ...
}
```

AVPlayer 实例需要设置播放路径和从 XComponent 中获取的 surfaceID，设置播放路径之后，AVPlayer 状态机变为 initialized 状态，在此状态下调用 prepare()，进入 prepared 状态。

```
firstPlay(index: number, url: string, surfaceId: number) {
  this.index = index;
  this.url = url;
  this.surfaceId = surfaceId;
  this.avPlayer.url = this.url;
}
```

2 切换播放状态

视频播放后，变为 playing 状态，可通过"播放 / 暂停"按钮切换播放状态，当视频暂停时，状态机变为 paused 状态。

```
switchPlayOrPause() {
  if (this.status === CommonConstants.STATUS_START) {
    this.avPlayer.pause();
  } else {
    this.avPlayer.play();
  }
}
```

3　设置播放速度

可拖动进度条设置视频播放位置来设置播放速度。

```
// 设置当前播放位置
setSeekTime(value: number, mode: SliderChangeMode) {
  if (mode === SliderChangeMode.Moving) {
    this.progressThis.progressVal = value;
    this.progressThis.currentTime = DateFormatUtil.secondToTime(Math.
floor(value * this.duration /
      CommonConstants.ONE_HUNDRED / CommonConstants.A_THOUSAND));
  }
  if (mode === SliderChangeMode.End) {
    this.seekTime = value * this.duration / CommonConstants.ONE_HUNDRED;
    this.avPlayer.seek(this.seekTime, media.SeekMode.SEEK_PREV_SYNC);
  }
}
```

```
// 设置播放速度
setSpeed(playSpeed: number) {
  if (CommonConstants.OPERATE_STATE.indexOf(this.avPlayer.state) === -1) {
    return;
  }
  this.playSpeed = playSpeed;
  this.avPlayer.setSpeed(this.playSpeed);
}
```

10.4.3　创建播放器界面

在 ets 目录下创建一个新的目录 view，该目录用于存放界面相关的类。

1　创建 PlayPlayer.ets 类

创建 PlayPlayer.ets 类，该类用于实现播放器画面。代码如下：

```
import { VideoController } from '../controller/VideoController';
import { CommonConstants } from '../common/constants/CommonConstants';
import { PlayConstants } from '../common/constants/PlayConstants';

@Component
export struct PlayPlayer {
  private playVideoModel: VideoController;
  @Consume src: string;
  @Consume index: number;
  @State volume: number = PlayConstants.PLAY_PAGE.VOLUME;
```

```
@State volumeShow: boolean = PlayConstants.PLAY_PAGE.VOLUME_SHOW;
@State bright: number = PlayConstants.PLAY_PAGE.BRIGHT;
@State brightShow: boolean = PlayConstants.PLAY_PAGE.BRIGHT_SHOW;
private xComponentController;
private surfaceID: number;

aboutToAppear() {
  if (this.playVideoModel !== null) {
    this.playVideoModel.initPlayerThis(this);
  }
  this.xComponentController = new XComponentController();
}

build() {
  Stack() {
    XComponent({
      id: PlayConstants.PLAY_PLAYER.ID,
      type: PlayConstants.PLAY_PLAYER.TYPE,
      libraryname: PlayConstants.PLAY_PLAYER.LIBRARY_NAME,
      controller: this.xComponentController
    })
      .onLoad(async () => {
        this.xComponentController.setXComponentSurfaceSize({
          surfaceWidth: PlayConstants.PLAY_PLAYER.SURFACE_WIDTH,
          surfaceHeight: PlayConstants.PLAY_PLAYER.SURFACE_HEIGHT
        });
        this.surfaceID = this.xComponentController.getXComponentSurfaceId();
        this.playVideoModel.firstPlay(this.index, this.src, this.surfaceID);
      })
      .width(CommonConstants.FULL_PERCENT)
      .height(CommonConstants.FULL_PERCENT)

    Stack() {
      Progress({
        value: Math.floor(this.volume * CommonConstants.ONE_HUNDRED),
        type: ProgressType.Ring
      })
        .width(CommonConstants.FULL_PERCENT)
        .aspectRatio(CommonConstants.ASPECT_RATIO)
      Image($r('app.media.ic_volume'))
        .width(PlayConstants.PLAY_PLAYER.IMAGE_WIDTH)
        .aspectRatio(CommonConstants.ASPECT_RATIO)
    }
    .width(PlayConstants.PLAY_PLAYER.STACK_WIDTH)
    .aspectRatio(CommonConstants.ASPECT_RATIO)
    .visibility(this.volumeShow ? Visibility.Visible : Visibility.Hidden)

    Stack() {
      Progress({
        value: Math.floor(this.bright * CommonConstants.ONE_HUNDRED),
        type: ProgressType.Ring
      })
```

```
          .width(CommonConstants.FULL_PERCENT)
          .aspectRatio(CommonConstants.ASPECT_RATIO)
        Image($r('app.media.ic_brightness'))
          .width(PlayConstants.PLAY_PLAYER.IMAGE_WIDTH)
          .aspectRatio(CommonConstants.ASPECT_RATIO)
      }
      .width(PlayConstants.PLAY_PLAYER.STACK_WIDTH)
      .aspectRatio(CommonConstants.ASPECT_RATIO)
      .visibility(this.brightShow ? Visibility.Visible : Visibility.Hidden)
    }
    .width(CommonConstants.FULL_PERCENT)
    .height(CommonConstants.FULL_PERCENT)
  }
}
```

2 创建 PlayProgress.ets 类

创建 PlayProgress.ets 类，该类用于实现播放进度条。代码如下：

```
import { VideoController } from '../controller/VideoController';
import { CommonConstants } from '../common/constants/CommonConstants';
import { PlayConstants } from '../common/constants/PlayConstants';

@Component
export struct PlayProgress {
  private playVideoModel: VideoController;
  @State currentTime: string = PlayConstants.PLAY_PROGRESS.CURRENT_TIME;
  @State totalTime: string = PlayConstants.PLAY_PROGRESS.TOTAL_TIME;
  @State progressVal: number = PlayConstants.PLAY_PROGRESS.PROGRESS_VAL;

  aboutToAppear() {
    if (this.playVideoModel !== null) {
      this.playVideoModel.initProgressThis(this);
    }
  }

  build() {
    Column() {
      Row() {
        Text(this.currentTime)
          .fontSize($r('app.float.slider_font_size'))
          .fontColor(Color.White)
        Slider({
          value: this.progressVal,
          step: PlayConstants.PLAY_PROGRESS.STEP,
          style: SliderStyle.OutSet
        })
          .blockColor(Color.White)
          .trackColor($r('app.color.track_color'))
          .selectedColor(Color.White)
          .trackThickness(PlayConstants.PLAY_PROGRESS.TRACK_THICKNESS)
          .layoutWeight(1)
          .margin({ left: PlayConstants.PLAY_PROGRESS.MARGIN_LEFT })
```

```
        .onChange((value: number, mode: SliderChangeMode) => {
          this.playVideoModel.setSeekTime(value, mode);
        })
      Text(this.totalTime)
        .fontSize($r('app.float.slider_font_size'))
        .fontColor(Color.White)
        .margin({ left: PlayConstants.PLAY_PROGRESS.MARGIN_LEFT })
    }
    .width(PlayConstants.PLAY_PROGRESS.ROW_WIDTH)
  }
  .width(CommonConstants.FULL_PERCENT)
  .height(CommonConstants.FULL_PERCENT)
  .justifyContent(FlexAlign.Center)
  }
}
```

3 创建 PlayControl.ets 类

创建 PlayControl.ets 类，该类用于实现播放控制按钮。代码如下：

```
import { VideoController } from '../controller/VideoController';
import { CommonConstants } from '../common/constants/CommonConstants';
import { PlayConstants } from '../common/constants/PlayConstants';

@Component
export struct PlayControl {
  private playVideoModel: VideoController;
  @Consume status: number;

  build() {
    Column() {
      Row() {
        Image($r('app.media.ic_previous'))
          .width($r('app.float.control_image_width'))
          .aspectRatio(CommonConstants.ASPECT_RATIO)
          .onClick(async () => {
            this.playVideoModel.previousVideo();
            this.status = CommonConstants.STATUS_START;
          })
        Column() {
          Image(this.status === CommonConstants.STATUS_START ?
            $r('app.media.ic_pause') : $r('app.media.ic_play'))
            .width($r('app.float.control_image_width'))
            .aspectRatio(CommonConstants.ASPECT_RATIO)
            .onClick(async () => {
              let curStatus = (this.playVideoModel.getStatus() ===
CommonConstants.STATUS_START);
              this.status = curStatus ? CommonConstants.STATUS_PAUSE :
CommonConstants.STATUS_START;
              this.playVideoModel.switchPlayOrPause();
            })
        }
        .layoutWeight(1)
```

```
      Image($r('app.media.ic_next'))
        .width($r('app.float.control_image_width'))
        .aspectRatio(CommonConstants.ASPECT_RATIO)
        .onClick(() => {
          this.playVideoModel.nextVideo();
          this.status = CommonConstants.STATUS_START;
        })
    }
    .width(PlayConstants.PLAY_CONTROL.ROW_WIDTH)
  }
  .width(CommonConstants.FULL_PERCENT)
  .height(CommonConstants.FULL_PERCENT)
  .justifyContent(FlexAlign.Center)
  }
}
```

4 创建 PlayPage.ets 类

创建 PlayPage.ets 类，该类用于实现播放器整体界面。代码如下：

```
import router from '@ohos.router';
import { PlayTitle } from '../view/PlayTitle';
import { PlayPlayer } from '../view/PlayPlayer';
import { PlayControl } from '../view/PlayControl';
import { PlayProgress } from '../view/PlayProgress';
import { VideoController } from '../controller/VideoController';
import { CommonConstants } from '../common/constants/CommonConstants';
import { PlayConstants } from '../common/constants/PlayConstants';

@Entry
@Component
struct PlayPage {
  @State videoHeight: string = PlayConstants.PLAY_PAGE.PLAY_PLAYER_HEIGHT;
  @State videoWidth: string = CommonConstants.FULL_PERCENT;
  @State videoMargin: string = PlayConstants.PLAY_PAGE.MARGIN_ZERO;
  @State videoPosition: FlexAlign  = FlexAlign.Center;
  private playVideoModel: VideoController = new VideoController();
  @Provide src: string = router.getParams()['src'];
  @Provide index: number = router.getParams()['index'];
  @Provide type: number = router.getParams()['type'];
  @Provide status: number = CommonConstants.STATUS_START;
  private panOptionBright: PanGestureOptions = new PanGestureOptions({
direction: PanDirection.Vertical });
  private panOptionVolume: PanGestureOptions = new PanGestureOptions({
direction: PanDirection.Horizontal });

  aboutToAppear() {
    this.playVideoModel.initPlayPageThis(this);
  }

  aboutToDisappear() {
    this.playVideoModel.release();
  }
```

```
onPageHide() {
  this.status = CommonConstants.STATUS_PAUSE;
  this.playVideoModel.pause();
}

build() {
  Stack() {
    Column () {
      Column(){
      }
      .height(this.videoMargin)
      PlayPlayer({ playVideoModel: this.playVideoModel })
        .width(this.videoWidth)
        .height(this.videoHeight)
    }
    .height(CommonConstants.FULL_PERCENT)
    .width(CommonConstants.FULL_PERCENT)
    .justifyContent(this.videoPosition)
    .zIndex(0)
    Column() {
      PlayTitle({ playVideoModel: this.playVideoModel })
        .width(CommonConstants.FULL_PERCENT)
        .height(PlayConstants.PLAY_PAGE.HEIGHT)
      Column()
        .width(CommonConstants.FULL_PERCENT)
        .height(PlayConstants.PLAY_PAGE.COLUMN_HEIGHT_ONE)
        .gesture(
          PanGesture(this.panOptionBright)
            .onActionStart((event: GestureEvent) => {
              this.playVideoModel.onBrightActionStart(event);
            })
            .onActionUpdate((event: GestureEvent) => {
              this.playVideoModel.onBrightActionUpdate(event);
            })
            .onActionEnd(() => {
              this.playVideoModel.onActionEnd();
            })
        )
      Column() {
      }
      .width(CommonConstants.FULL_PERCENT)
      .height(PlayConstants.PLAY_PAGE.PLAY_PLAYER_HEIGHT)
      Column()
        .width(CommonConstants.FULL_PERCENT)
        .height(PlayConstants.PLAY_PAGE.COLUMN_HEIGHT_TWO)
        .gesture(
          PanGesture(this.panOptionVolume)
            .onActionStart((event: GestureEvent) => {
              this.playVideoModel.onVolumeActionStart(event);
            })
```

```
          .onActionUpdate((event: GestureEvent) => {
            this.playVideoModel.onVolumeActionUpdate(event);
          })
          .onActionEnd(() => {
            this.playVideoModel.onActionEnd();
          })
      )
    PlayControl({ playVideoModel: this.playVideoModel })
      .width(CommonConstants.FULL_PERCENT)
      .height(PlayConstants.PLAY_PAGE.HEIGHT)
    PlayProgress({ playVideoModel: this.playVideoModel })
      .width(CommonConstants.FULL_PERCENT)
      .height(PlayConstants.PLAY_PAGE.PLAY_PROGRESS_HEIGHT)
    }
    .height(CommonConstants.FULL_PERCENT)
    .width(CommonConstants.FULL_PERCENT)
    .zIndex(1)
  }
  .height(CommonConstants.FULL_PERCENT)
  .width(CommonConstants.FULL_PERCENT)
  .backgroundColor(Color.Black)
  }
}
```

10.4.4 运行

运行应用，可以看到视频播放效果如图 10-15 所示。

可以通过播放操作按钮来实现视频的快进、切换等。切换视频效果如图 10-16 所示。

图 10-15 视频播放效果

图 10-16 切换视频效果

10.5　总结

本章介绍了多媒体开发，内容包括音频、视频、图片等的开发。最后，通过一个实战案例详细介绍了视频播放器的实现过程。

10.6　习题

1. 判断题

（1）在操作系统实现中，通常基于不同的媒体信息处理内容，将媒体划分为不同的模块，包括音频、视频、图片等。（　）

（2）EXIF（Exchangeable Image File Format）是专门为数码相机的照片设定的文件格式，可以记录数码照片的属性信息和拍摄数据。（　）

2. 单选题

（1）使用 AVPlayer 播放网络视频需要以下哪种权限？（　）

    A. ohos.permission.USE_BLUETOOTH   B. ohos.permission.INTERNET

    C. ohos.permission.REQUIRE_FORM   D. ohos.permission.LOCATION

（2）图片解码是指将所支持格式的存档图片解码成统一的（　）格式。

    A. PixelMap   B. JPEG   C. PNG   D. SVG

3. 多选题

（1）在 HarmonyOS 系统中，哪些 API 提供了音频播放开发的支持？（　）

    A. AVPlayer   B. AudioRenderer   C. OpenSL ES   D. Video 组件

（2）在 HarmonyOS 系统中，哪些 API 提供了视频开发的支持？（　）

    A. AVPlayer   B. AudioRenderer   C. OpenSL ES   D. Video 组件

综合实战：购物应用

本章是一个实战章节。结合前面所介绍的知识点来实现一个真实的 App——购物应用。

11.1 购物应用概述

HarmonyOS 提供了丰富的动画组件和接口，开发者可以根据实际场景和开发需求，选用丰富的动画组件和接口来实现不同的动画效果。

通过本章的学习，最终会构建一个简易的购物应用 ArkUIShopping。

11.1.1 购物应用的功能

购物应用包含两级页面，分别是主页（商品浏览页签、购物车页签、我的页签）和商品详情页面。

虽然只有两个页面，但都展示了丰富的 HarmonyOS ArkUI 框架组件包括自定义弹窗容器（Dialog）、列表（List）、滑动容器（Swiper）、页签组件（Tabs）、按钮组件（Button）、图片组件（Image）、进度条组件（Progress）、格栅组件（Grid）、单选框组件（Toggle）、可滚动容器组件（Scroll）、弹性布局组件（Flex）、水平布局组件（Row）、垂直布局组件（Column）和路由容器组件（Navigator）。

程序中所用到的资源文件都放置到 resources 下。

11.1.2 购物应用效果展示

如图 11-1 所示是商品浏览页签的效果图。

如图 11-2 所示是购物车页签的效果图。

如图 11-3 所示是我的页签的效果图。

如图 11-4 所示是商品详情页面的效果图。

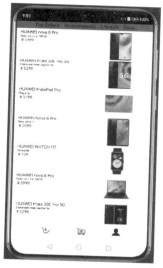

图 11-1　商品浏览页签的效果图

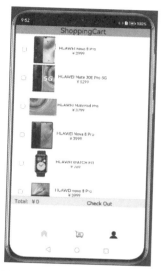

图 11-2　购物车页签的效果图

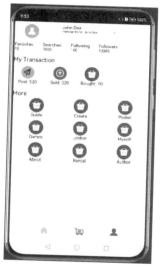

图 11-3　我的页签的效果图

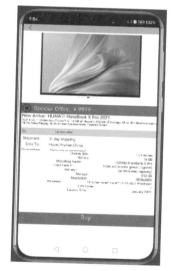

图 11-4　商品详情页面的效果图

11.2　实战：实现商品列表页签

主界面商品列表页签主要由以下 3 部分组成：

- 顶部的 Tabs 组件。
- 中间的 TabContent 组件内包含 List 组件。其中 List 组件的每个项是水平布局的，该水平布局的项又是由一个垂直布局的项和一个 Image 组件组成，垂直布局的项由 3 个 Text 组件组成。
- 底部的页签导航。

11.2.1 创建一个页面

下面一起创建第一个页面。

在 pages 目录下新建一个 Page，该 Page 命名为 HomePage。创建完成之后，会在 pages 目录下产生一个 HomePage.ets 文件，HomePage.ets 文件默认的代码如下：

```
@Entry
@Component
struct HomePage {
  @State message: string = 'Hello World'

  build() {
    Row() {
      Column() {
        Text(this.message)
          .fontSize(50)
          .fontWeight(FontWeight.Bold)
      }
      .width('100%')
    }
    .height('100%')
  }
}
```

11.2.2 创建模型

新建一个与 pages 文件夹同级的 model 文件夹，并在 model 目录下新建 ArsData.ets、GoodsData.ets、Menu.ets 和 GoodsDataModels.ets 文件，其中 ArsData.ets、GoodsData.ets、Menu.ets 是数据实体类，GoodsDataModels.ets 用于存放这 3 种实体数据集合，并定义获取各种数据集合的方法。数据实体包含实体的属性和构造方法，可通过 new ArsData(string,string) 来获取 ArsData 对象。

ArsData.ets 内容如下：

```
let NextId = 0;
export class ArsData {
  id: string;
  title: string;
  content: string;

  constructor(title: string, content: string) {
    this.id = '${NextId++}';
    this.title = title;
    this.content = content;
  }
}
```

GoodsData.ets 内容如下：

```
let NextId = 0;
export class GoodsData {
  id: string;
  title: string;
  content: string;
  price: number;
  imgSrc: Resource;

  constructor(title: string, content: string, price: number, imgSrc: Resource) {
    this.id = '${NextId++}';
    this.title = title;
    this.content = content;
    this.price = price;
    this.imgSrc = imgSrc;
  }
}
```

Menu.ets 内容如下：

```
let NextId = 0;
export class Menu {
  id: string;
  title: string;
  num: number;

  constructor(title: string, num: number) {
    this.id = '${NextId++}';
    this.title = title;
    this.num = num;
  }
}

export class ImageItem {
  id: string;
  title: string;
  imageSrc: Resource;

  constructor(title: string, imageSrc: Resource) {
    this.id = '${NextId++}';
    this.title = title;
    this.imageSrc = imageSrc;
  }
}
```

GoodsDataModels.ets 内容如下：

```
import {  GoodsData} from './GoodsData'

import {Menu, ImageItem} from './Menu'
import {ArsData} from './ArsData'
```

```
export function initializeOnStartup(): Array<GoodsData> {
  let GoodsDataArray: Array<GoodsData> = []
  GoodsComposition.forEach(item => {
    console.log(item.title);
    GoodsDataArray.push(new GoodsData(item.title, item.content, item.price,
item.imgSrc));
  })
  return GoodsDataArray;
}

export function getIconPath(): Array<string> {
  let IconPath: Array<string> = ['nav/icon-buy.png','nav/icon-shopping-cart.
png','nav/icon-my.png']

  return IconPath;
}

export function getIconPathSelect(): Array<string> {
  let IconPathSelect: Array<string> = ['nav/icon-home.png','nav/icon-shopping-
cart-select.png','nav/icon-my-select.png']

  return IconPathSelect;
}

export function getDetailImages(): Array<string> {
  let detailImages: Array<string> = ['computer/computer1.png','computer/
computer2.png','computer/computer3.png','computer/computer4.png','computer/
computer5.png','computer/computer6.png']

  return detailImages;
}

export function getMenu(): Array<Menu> {
  let MenuArray: Array<Menu> = []
  MyMenu.forEach(item => {
    MenuArray.push(new Menu(item.title,item.num));
  })
  return MenuArray;
}

export function getTrans(): Array<ImageItem> {
  let ImageItemArray: Array<ImageItem> = []
  MyTrans.forEach(item => {
    ImageItemArray.push(new ImageItem(item.title,item.imageSrc));
  })
  return ImageItemArray;
}

export function getMore(): Array<ImageItem> {
  let ImageItemArray: Array<ImageItem> = []
```

```
  MyMore.forEach(item => {
    ImageItemArray.push(new ImageItem(item.title,item.imageSrc));
  })
  return ImageItemArray;
}


export function getArs(): Array<ArsData> {
  let ArsItemArray: Array<ArsData> = []
  ArsList.forEach(item => {
    ArsItemArray.push(new ArsData(item.title,item.content));
  })
  return ArsItemArray;
}


const GoodsComposition: any[] = [
  {
    "title": 'HUAWEI nova 8 Pro ',
    "content": 'Goes on sale: 10:08',
    "price": '3999',
    "imgSrc": $rawfile('picture/HW (1).png')
  },
  {
    "title": 'HUAWEI Mate 30E Pro 5G',
    "content": '3 interest-free payments ',
    "price": '5299',
    "imgSrc": $rawfile('picture/HW (2).png')
  },
  {
    "title": 'HUAWEI MatePad Pro',
    "content": 'Flagship ',
    "price": '3799',
    "imgSrc": $rawfile('picture/HW (3).png')
  },
  {
    "title": 'HUAWEI Nova 8 Pro',
    "content": 'New arrival ',
    "price": '3999',
    "imgSrc": $rawfile('picture/HW (4).png')
  },
  {
    "title": 'HUAWEI WATCH FIT',
    "content": 'Versatile',
    "price": '769',
    "imgSrc": $rawfile('picture/HW (5).png')
  },
  {
    "title": 'HUAWEI nova 8 Pro ',
    "content": 'Goes on sale: 10:08',
    "price": '3999',
    "imgSrc": $rawfile('picture/HW (6).png')
```

```
    },
    {
      "title": 'HUAWEI Mate 30E Pro 5G',
      "content": '3 interest-free payments ',
      "price": '5299',
      "imgSrc": $rawfile('picture/HW (7).png')
    },
    {
      "title": 'HUAWEI MatePad Pro',
      "content": 'Flagship ',
      "price": '3799',
      "imgSrc": $rawfile('picture/HW (8).png')
    },
    {
      "title": 'HUAWEI Nova 8 Pro',
      "content": 'New arrival ',
      "price": '3999',
      "imgSrc": $rawfile('picture/HW (9).png')
    },
    {
      "title": 'HUAWEI WATCH FIT',
      "content": 'Versatile',
      "price": '769',
      "imgSrc": $rawfile('picture/HW (10).png')
    },
]

const MyMenu: any[] = [
    {
      'title': 'Favorites',
      'num': '10'
    },
    {
      'title': 'Searched',
      'num': '1000'
    },
    {
      'title': 'Following',
      'num': '100'
    },
    {
      'title': 'Followers',
      'num': '10000'
    }
]

const MyTrans: any[] = [
    {
      'title': 'Post: 520',
      'imageSrc': $rawfile('nav/icon-menu-release.png')
```

```
  },
  {
    'title': 'Sold: 520',
    'imageSrc': $rawfile('nav/icon-menu-sell.png')
  },
  {
    'title': 'Bought: 10',
    'imageSrc': $rawfile('nav/icon-menu-buy.png')
  }
]

const MyMore: any[] = [
  {
    'title': 'Guide',
    'imageSrc': $rawfile('nav/icon-menu-buy.png')
  },
  {
    'title': 'Create',
    'imageSrc': $rawfile('nav/icon-menu-buy.png')
  },
  {
    'title': 'Poster',
    'imageSrc': $rawfile('nav/icon-menu-buy.png')
  },
  {
    'title': 'Games',
    'imageSrc': $rawfile('nav/icon-menu-buy.png')
  },
  {
    'title': 'Jobber',
    'imageSrc': $rawfile('nav/icon-menu-buy.png')
  },
  {
    'title': 'Myself',
    'imageSrc': $rawfile('nav/icon-menu-buy.png')
  },
  {
    'title': 'About',
    'imageSrc': $rawfile('nav/icon-menu-buy.png')
  },
  {
    'title': 'Rental',
    'imageSrc': $rawfile('nav/icon-menu-buy.png')
  },
  {
    'title': 'Author',
    'imageSrc': $rawfile('nav/icon-menu-buy.png')
  },

]
```

```
const ArsList: any[] =[
  {
    'title': 'Display Size',
    'content': '13.9 inches',
  },
  {
    'title': 'Memory',
    'content': '16 GB',
  },
  {
    'title': 'Marketing Name',
    'content': 'HUAWEI MateBook X Pro',
  },
  {
    'title': 'Color Gamut',
    'content': '100% sRGB color gamut (Typical)',
  },
  {
    'title': 'Battery',
    'content': '56 Wh (rated capacity)',
  },
  {
    'title': 'Storage',
    'content': '512 GB',
  },
  {
    'title': 'Resolution',
    'content': '3000x2000',
  },
  {
    'title': 'Processor',
    'content': '11th Gen Intel® Core™ i7-1165G7 Processor',
  },
  {
    'title': 'CPU Cores',
    'content': '4',
  },
  {
    'title': 'Launch Time',
    'content': 'January 2021',
  }
]
```

11.2.3 创建组件

在 HomePage.ets 文件中创建商品列表页签相关的组件，添加 GoodsHome 代码如下：

```
@Component
struct GoodsHome {
  private goodsItems: GoodsData[]
```

```
build() {
  Column() {
    Tabs() {
      TabContent() {
        GoodsList({ goodsItems: this.goodsItems });
      }
      .tabBar("Top Sellers")
      .backgroundColor(Color.White)
      TabContent() {
        GoodsList({ goodsItems: this.goodsItems });
      }
      .tabBar("Recommended")
      .backgroundColor(Color.White)
      TabContent() {
        GoodsList({ goodsItems: this.goodsItems });
      }
      .tabBar("Lifestyle")
      .backgroundColor(Color.White)
      TabContent() {
        GoodsList({ goodsItems: this.goodsItems });
      }
      .tabBar("Deals")
      .backgroundColor(Color.White)
    }
    .barWidth(500)
    .barHeight(25)
    .scrollable(true)
    .barMode(BarMode.Scrollable)
    .backgroundColor('#007DFF')
    .height(700)

  }
  .alignItems(HorizontalAlign.Start)
  .width('100%')
}
}
```

在 GoodsHome 中使用 Tabs 组件，在 Tabs 组件中设置 4 个 TabContent，给每个 TabContent 设置 tabBar 属性，并设置 TabContent 容器中的内容 GoodsList 组件，GoodsList 组件代码如下：

```
@Component
struct GoodsList {
  private goodsItems: GoodsData[]

  build() {
    Column() {
      List() {
        ForEach(this.goodsItems, item => {
          ListItem() {
```

```
        GoodsListItem({ goodsItem: item })
        }
      }, item => item.id.toString())
    }
    .height('100%')
    .width('100%')
    .align(Alignment.Top)
    .margin({top: 5})
    }
  }
}
```

在 GoodsList 组件中遍历商品数据集合，在 ListItem 组件中设置组件内容，并使用 Navigator 组件为每个项设置顶级跳转路由，GoodsListItem 组件代码如下：

```
@Component
struct GoodsListItem {
  private goodsItem: GoodsData

  build() {
    Navigator({ target: 'pages/ShoppingDetail' }) {
      Row() {
        Column(){
          Text(this.goodsItem.title)
            .fontSize(14)
          Text(this.goodsItem.content )
            .fontSize(10)
          Text('¥' + this.goodsItem.price)
            .fontSize(14)
            .fontColor(Color.Red)
        }
        .height(100)
        .width('50%')
        .margin({left: 20})
        .alignItems(HorizontalAlign.Start)
        Image(this.goodsItem.imgSrc)
          .objectFit(ImageFit.ScaleDown)
          .height(100)
          .width('40%')
          .renderMode(ImageRenderMode.Original)
          .margin({right: 10,left:10})

      }
      .backgroundColor(Color.White)


    }
    .params({ goodsData: this.goodsItem })
    .margin({ right: 5})
  }
```

　　在 HomePage.ets 中创建文件入口组件（Index）以及底部页签导航组件（HomeBottom），导入需要使用的数据实体类以及需要使用的方法和组件，每个 page 文件都必须包含一个入口组件，使用 @Entry 修饰，HomePage 文件中的入口组件（Index）代码如下：

```
import {GoodsData} from '../model/GoodsData'
import {initializeOnStartup,getIconPath,getIconPathSelect} from '../model/
GoodsDataModels'
import {ShoppingCart} from './ShoppingCart'
import {MyInfo} from './MyPage'

@Entry
@Component
struct Index {
  @Provide currentPage: number = 1
  private goodsItems: GoodsData[] = initializeOnStartup()
  build() {
    Column() {
      Scroll() {
        Column() {
          if (this.currentPage == 1) {
            GoodsHome({ goodsItems: this.goodsItems })
          } else if (this.currentPage == 2) {
            // 购物车列表
            ShoppingCart()
          } else {
            // 我的
            MyInfo()
          }
        }
        .height(700)
      }
      .flexGrow(1)
      HomeBottom()
    }
    .backgroundColor("white")
  }
}
```

　　从入口组件的代码中可以看出，我们定义了一个全局变量 currentPage，并且使用 @provide 修饰，在其子组件（HomeBottom）中使用 @Consume 修饰。当子组件 currentPage 发生变化的时候，父组件 currentPage 也会发生变化，会重新加载页面，显示不同的页签。在入口组件中，通过 initializeOnStartup 获取商品列表数据（goodsItems）并传入 GoodsHome 组件中，HomeBottom 组件代码如下：

```
@Component
struct HomeBottom {
  @Consume currentPage: number
  private iconPathTmp: string[] =  getIconPath()
```

```
    private iconPathSelectsTmp: string[] = getIconPathSelect()
    @State iconPath: string[] = getIconPath()
    build() {
      Row(){
        List() {
          ForEach(this.iconPath, item => {
            ListItem() {
              Image($rawfile(item))
                .objectFit(ImageFit.Cover)
                .height(30)
                .width(30)
                .renderMode(ImageRenderMode.Original)
                .onClick(()=>{
                  if(item==this.iconPath[0]){
                    this.iconPath[0]=this.iconPathTmp[0]
                    this.iconPath[1]=this.iconPathTmp[1]
                    this.iconPath[2]=this.iconPathTmp[2]
                    this.currentPage=1
                  }
                  if(item==this.iconPath[1]){
                    this.iconPath[0]=this.iconPathSelectsTmp[0]
                    this.iconPath[1]=this.iconPathSelectsTmp[1]
                    this.iconPath[2]=this.iconPathTmp[2]
                    this.currentPage=2
                  }
                  if(item==this.iconPath[2]){
                    this.iconPath[0]=this.iconPathSelectsTmp[0]
                    this.iconPath[1]=this.iconPathTmp[1]
                    this.iconPath[2]=this.iconPathSelectsTmp[2]
                    this.currentPage=3
                  }
                })
            }
            .width(120)
            .height(40)
          }, item => item)
        }
        .margin({left:10})
        .align(Alignment.BottomStart)
        .listDirection(Axis.Horizontal)
      }
      .alignItems(VerticalAlign.Bottom)
      .height(30)
      .margin({top:10 ,bottom:10})
    }
  }
```

　　底部组件是由一个横向的图片列表组成的，iconPath 是底部初始状态下的 3 幅图片路径数组。遍历 iconPath 数组，使用 Image 组件设置图片路径并添加到 List 中，给每个 Image 组件设置单击事件，单击更换底部 3 幅图片。在 HomeBottom 中，iconPath 使用的是 @State 修饰，当 iconPath 数组内容发生变化时，页面组件有使用到的地方都会随之发生变化。

在 MyPage.ets 文件中新建 MyTransList 组件和 MoreGrid 组件，MyTransList 组件代码如下：

```
@Component
struct MyTransList {
  private imageItems: ImageItem[] = getTrans()
  build() {
    Column() {
      Text('My Transaction')
        .fontSize(20)
        .margin({ left: 10 })
        .width('100%')
        .height(30)
      Row() {
        List() {
          ForEach(this.imageItems, item => {
            ListItem() {
              DataItem({ imageItem: item })
            }
          }, item => item.id.toString())
        }
        .height(70)
        .width('100%')
        .align(Alignment.Top)
        .margin({ top: 5})
        .listDirection(Axis.Horizontal)
      }
    }
    .height(120)
  }
}
```

MoreGrid 组件代码如下：

```
@Component
struct MoreGrid {
  private gridRowTemplate: string = ''
  private imageItems: ImageItem[] = getMore()
  private heightValue: number

  aboutToAppear() {
    var rows = Math.round(this.imageItems.length / 3);
    this.gridRowTemplate = '1fr '.repeat(rows);
    this.heightValue = rows * 75 ;
  }

  build() {
    Column() {
      Text('More')
```

```
          .fontSize(20)
          .margin({ left: 10 })
          .width('100%')
          .height(30)
        Scroll() {
          Grid() {
            ForEach(this.imageItems, (item: ImageItem) => {
              GridItem() {
                DataItem({ imageItem: item })
              }
            }, (item: ImageItem) => item.id.toString())
          }
          .rowsTemplate(this.gridRowTemplate)
          .columnsTemplate('1fr 1fr 1fr')
          .columnsGap(8)
          .rowsGap(8)
          .height(this.heightValue)
        }
        .padding({ left: 16, right: 16 })
      }
      .height(400)
    }
  }
```

在 MyTransList 和 MoreGrid 组件中都包含子组件 DataItem，为避免代码重复，可以把多次要用到的结构体组件化，这里的结构体就是图片加上文本的上下结构体，DataItem 组件内容如下：

```
@Component
struct MenuItem {
  private menu: Menu

  build() {
    Column() {
      Text(this.menu.title)
        .fontSize(15)
      Text(this.menu.num+'')
        .fontSize(13)

    }
    .height(50)
    .width(80)
    .margin({left: 8,right:8})
    .alignItems(HorizontalAlign.Start)
    .backgroundColor(Color.White)
  }
}
```

11.2.4　加载主界面

初始化应用时，应用会默认将 Index 作为主界面进行加载。这个加载的代码在 EntryAbility. ets 中：

```
onWindowStageCreate(windowStage: Window.WindowStage) {
    hilog.isLoggable(0x0000, 'testTag', hilog.LogLevel.INFO);
    hilog.info(0x0000, 'testTag', '%{public}s', 'Ability onWindowStageCreate');

    windowStage.loadContent('pages/Index', (err, data) => {
        if (err.code) {
            hilog.isLoggable(0x0000, 'testTag', hilog.LogLevel.ERROR);
            hilog.error(0x0000, 'testTag', 'Failed to load the content. Cause:
%{public}s', JSON.stringify(err) ?? '');
            return;
        }
        hilog.isLoggable(0x0000, 'testTag', hilog.LogLevel.INFO);
        hilog.info(0x0000, 'testTag', 'Succeeded in loading the content. Data:
%{public}s', JSON.stringify(data) ?? '');
    });
}
```

上述代码 "windowStage.loadContent('pages/Index'" 就是加载 Index 的意思。

但在本例中，我们期望 HomePage 的内容作为主界面进行展示。因此，解决方案有 2 种：

- 方案 1：删除原有的 Index 页面，将 HomePage 重命名为 Index 即可。
- 方案 2：修改 onWindowStageCreate 方法，改为 "windowStage.loadContent('pages/HomePage'"。

11.3　实战：实现购物车页签

主界面购物车页签主要由以下 3 部分组成：

- 顶部的 Text 组件。
- 中间的 List 组件，其中 List 组件的 item 是水平布局的，其内包含一个 toggle 组件、一个 Image 组件和一个垂直布局的 item，其垂直布局中的 item 是由 2 个 Text 组件组成的。
- 底部一个水平布局包含两个 Text 组件。

构建一个购物车页签，给商品列表的每个商品设置一个单选框，可以选中与取消选中，底部 Total 值也会随之增加或减少，单击 Check Out 时会触发弹窗。下面来完成 ShoppingCart 页签。

11.3.1　创建一个页面

在 pages 目录下新建一个名为 ShoppingCart 的 Page。在 ShoppingCart.ets 文件中添加入口组件，并导入需要使用的数据实体类、方法和组件。ShoppingCart 组件代码如下：

```
@Entry
@Component
export struct ShoppingCart {
  @Provide totalPrice : number = 0
  private goodsItems: GoodsData[] = initializeOnStartup()
  build() {
    Column() {
      Column() {
        Text('ShoppingCart')
          .fontColor(Color.Black)
          .fontSize(25)
          .margin({ left: 60,right:60 })
          .align(Alignment.Center)
      }
      .backgroundColor('#FF00BFFF')
      .width('100%')
      .height(30)

      ShopCartList({ goodsItems: this.goodsItems });
      ShopCartBottom()
    }
    .alignItems(HorizontalAlign.Start)
  }
}
```

11.3.2 创建组件

新建 ShopCartList 组件用于存放购物车商品列表，ShopCartList 组件代码如下：

```
@Component
struct ShopCartList {

  private goodsItems: GoodsData[]

  build() {
    Column() {
      List() {
        ForEach(this.goodsItems, item => {
          ListItem() {
            ShopCartListItem({ goodsItem: item })
          }
        }, item => item.id.toString())
      }
      .height('100%')
      .width('100%')
      .align(Alignment.Top)
      .margin({top: 5})
    }
    .height(570)
  }
}
```

ShopCartListItem 组件代码如下：

```
@Component
struct ShopCartListItem {
  @Consume totalPrice: number
  private goodsItem: GoodsData

  build() {
    Row() {
      Toggle({type: ToggleType.Checkbox})
        .width(10)
        .height(10)
        .onChange((isOn:boolean) => {
          if(isOn){
            this.totalPrice +=parseInt(this.goodsItem.price+'',0)
          }else{
            this.totalPrice -= parseInt(this.goodsItem.price+'',0)
          }
        })
      Image(this.goodsItem.imgSrc)
        .objectFit(ImageFit.ScaleDown)
        .height(100)
        .width(100)
        .renderMode(ImageRenderMode.Original)
      Column() {
        Text(this.goodsItem.title)
          .fontSize(14)
        Text('¥' + this.goodsItem.price)
          .fontSize(14)
          .fontColor(Color.Red)
      }
    }
    .height(100)
    .width(180)
    .margin({left: 20})
    .alignItems(VerticalAlign.Center)
    .backgroundColor(Color.White)
  }
}
```

在 ShopCartListItem 中使用 Toggle 的单选框类型来实现每个 item 的选择和取消选择，在 Toggle 的 onChage 事件中改变 totalPrice 的数值。

新建 ShopCartBottom 组件，ShopCartBottom 组件代码如下：

```
@Component
struct ShopCartBottom {
  @Consume totalPrice: number
  build() {
    Row() {
      Text('Total: ¥'+this.totalPrice)
        .fontColor(Color.Red)
        .fontSize(18)
        .margin({left:20})
```

```
            .width(150)
        Text('Check Out')
          .fontColor(Color.Black)
          .fontSize(18)
          .margin({right:20,left:100})
          .onClick(()=>{
            prompt.showToast({
              message: 'Checking Out',
              duration: 10,
              bottom:100
            })
          })
      }
      .height(30)
      .width('100%')
      .backgroundColor('#FF7FFFD4')
      .alignItems(VerticalAlign.Bottom)
  }
}
```

11.4 实战：实现我的页签

我的页签主要由以下 4 部分组成：

- 顶部的水平布局。
- 顶部下面的文本加数字的水平 List。
- My Transactio 模块，图片加文本的水平 List。
- More 模块，图片加文本的 Grid。

本节将详细介绍构建主页我的页签的详细步骤。

11.4.1 创建一个页面

在 pages 目录下新建一个名为 MyPage 的 Page。

在 MyPage.ets 文件中添加入口组件，MyInfo 组件内容如下：

```
import {getMenu,getTrans,getMore} from '../model/GoodsDataModels'
import {Menu, ImageItem} from '../model/Menu'
@Entry
@Component
export struct MyInfo {

  build() {
    Column() {
      Row(){
        Image($rawfile('nav/icon-user.png'))
          .margin({left:20})
          .objectFit(ImageFit.Cover)
```

```
            .height(50)
            .width(50)
            .renderMode(ImageRenderMode.Original)
            .margin({left:40,right:40})
          Column(){
            Text('John Doe')
              .fontSize(15)
            Text('Member Name : John Doe                  >')
          }
          .height(60)
          .margin({left:40,top:10})
          .alignItems(HorizontalAlign.Start)
        }
        TopList()
        MyTransList()
        MoreGrid()

      }
      .alignItems(HorizontalAlign.Start)
      .width('100%')
      .flexGrow(1)
  }
}
```

11.4.2　创建组件

入口组件中还包含 TopList、MyTransList 和 MoreGrid 三个子组件，代码如下：

```
@Component
struct TopList {
  private menus: Menu[] = getMenu()

  build() {
    Row() {
      List() {
        ForEach(this.menus, item => {
          ListItem() {
            MenuItem({ menu: item })
          }
        }, item => item.id.toString())
      }
      .height('100%')
      .width('100%')
      .margin({top: 5})
      .edgeEffect(EdgeEffect.None)
      .listDirection(Axis.Horizontal)
    }
    .width('100%')
    .height(50)
  }
}
```

```
@Component
struct MyTransList {
  private imageItems: ImageItem[] = getTrans()
  build() {
    Column() {
      Text('My Transaction')
        .fontSize(20)
        .margin({ left: 10 })
        .width('100%')
        .height(30)
      Row() {
        List() {
          ForEach(this.imageItems, item => {
            ListItem() {
              DataItem({ imageItem: item })
            }
          }, item => item.id.toString())
        }
        .height(70)
        .width('100%')
        .align(Alignment.Top)
        .margin({ top: 5})
        .listDirection(Axis.Horizontal)
      }
    }
    .height(120)
  }
}

@Component
struct MoreGrid {
  private gridRowTemplate: string = ''
  private imageItems: ImageItem[] = getMore()
  private heightValue: number

  aboutToAppear() {
    var rows = Math.round(this.imageItems.length / 3);
    this.gridRowTemplate = '1fr '.repeat(rows);
    this.heightValue = rows * 75 ;
  }

  build() {
    Column() {
      Text('More')
        .fontSize(20)
        .margin({ left: 10 })
        .width('100%')
        .height(30)
      Scroll() {
        Grid() {
          ForEach(this.imageItems, (item: ImageItem) => {
            GridItem() {
```

```
            DataItem({ imageItem: item })
          }
        }, (item: ImageItem) => item.id.toString())
      }
      .rowsTemplate(this.gridRowTemplate)
      .columnsTemplate('1fr 1fr 1fr')
      .columnsGap(8)
      .rowsGap(8)
      .height(this.heightValue)
    }
    .padding({ left: 16, right: 16 })
  }
  .height(400)
}
}
```

11.5 实战：商品详情页面

商品详情页面主要由下面 5 部分组成：

- 顶部的返回栏。
- Swiper 组件。
- 中间多个 Text 组件组成的布局。
- 参数列表。
- 底部的 Buy。

把上面每一部分都封装成一个组件，然后放到入口组件内，当单击顶部返回图标时，返回主页的商品列表页签，单击底部的 Buy 时，会触发进度条弹窗。

11.5.1 创建一个页面

在 pages 目录下新建一个名为 ShoppingDetail 的 Page。在 ShoppingDetail.ets 文件中创建入口组件，组件内容如下：

```
import router from '@system.router';
import {ArsData} from '../model/ArsData'
import {getArs,getDetailImages} from '../model/GoodsDataModels'
import prompt from '@system.prompt';

@Entry
@Component
struct ShoppingDetail {
  private arsItems: ArsData[] =  getArs()
  private detailImages: string[] = getDetailImages()
  build() {
    Column() {
      DetailTop()
```

```
      Scroll() {
        Column() {
          SwiperTop()
          DetailText()
          DetailArsList({ arsItems: this.arsItems })
          Image($rawfile('computer/computer1.png'))
            .height(220)
            .width('100%')
            .margin({top:30})
          Image($rawfile('computer/computer2.png'))
            .height(220)
            .width('100%')
            .margin({top:30})
          Image($rawfile('computer/computer3.png'))
            .height(220)
            .width('100%')
            .margin({top:30})
          Image($rawfile('computer/computer4.png'))
            .height(220)
            .width('100%')
            .margin({top:30})
          Image($rawfile('computer/computer5.png'))
            .height(220)
            .width('100%')
            .margin({top:30})
          Image($rawfile('computer/computer6.png'))
            .height(220)
            .width('100%')
            .margin({top:30})
        }
        .width('100%')
        .flexGrow(1)
      }
      .scrollable(ScrollDirection.Vertical)
      DetailBottom()
    }
    .height(630)

  }
}
```

11.5.2 创建组件

顶部 DetailTop 组件代码如下：

```
@Component
struct DetailTop{
  build(){
    Column(){
      Row(){
        Image($rawfile('detail/icon-return.png'))
```

```
            .height(20)
            .width(20)
            .margin({ left: 20, right: 250 })
            .onClick(() => {
              router.push({
                uri: "pages/HomePage"
              })
            })
        }
        .width('100%')
        .height(25)
        .backgroundColor('#FF87CEEB')
      }
      .width('100%')
      .height(30)
    }
}
```

SwiperTop 组件代码如下：

```
@Component
struct SwiperTop{
  build() {
    Column() {
      Swiper() {
        Image($rawfile('computer/computer1.png'))
          .height(220)
          .width('100%')
        Image($rawfile('computer/computer2.png'))
          .height(220)
          .width('100%')
        Image($rawfile('computer/computer3.png'))
          .height(220)
          .width('100%')
        Image($rawfile('computer/computer4.png'))
          .height(220)
          .width('100%')
        Image($rawfile('computer/computer5.png'))
          .height(220)
          .width('100%')
        Image($rawfile('computer/computer6.png'))
          .height(220)
          .width('100%')
      }
      .index(0)
      .autoPlay(true)
      .interval(3000)
      .indicator(true)
      .loop(true)
      .height(250)
```

```
          .width('100%')
      }
      .height(250)
      .width('100%')
    }
  }
```

DetailText 组件代码如下：

```
@Component
struct DetailText{
  build() {
    Column() {
      Row(){
        Image($rawfile('computer/icon-promotion.png'))
          .height(30)
          .width(30)
          .margin({left:10})
        Text('Special Offer:¥9999')
          .fontColor(Color.White)
          .fontSize(20)
          .margin({left:10})

      }
      .width('100%')
      .height(35)
      .backgroundColor(Color.Red)
      Column(){
        Text('New Arrival: HUAWEI MateBook X Pro 2021')
          .fontSize(15)
          .margin({left:10})
          .alignSelf(ItemAlign.Start)
        Text('13.9-Inch, 11th Gen Intel® Core™ i7, 16 GB of Memory, 512
GB of Storage, Ultra-slim Business Laptop, 3K FullView Display, Multi-screen
Collaboration, Emerald Green')
          .fontSize(10)
          .margin({left:10})
        Row(){
          Image($rawfile('nav/icon-buy.png'))
            .height(15)
            .width(15)
            .margin({left:10})
          Text('Limited offer')
            .fontSize(10)
            .fontColor(Color.Red)
            .margin({left:100})

        }
        .backgroundColor(Color.Pink)
        .width('100%')
        .height(25)
        .margin({top:10})
```

```
        Text(' Shipment:          2-day shipping')
          .fontSize(13)
          .fontColor(Color.Red)
          .margin({left:10,top:5})
          .alignSelf(ItemAlign.Start)
        Text('     Ship To:          Hubei,Wuhan,China')
          .fontSize(13)
          .fontColor(Color.Red)
          .margin({left:10,top:5})
          .alignSelf(ItemAlign.Start)
          .onClick(()=>{
            prompt.showDialog({title:'select address',})

          })
        Text('Guarantee:          Genuine guaranteed')
          .fontSize(13)
          .margin({left:10,top:5})
          .alignSelf(ItemAlign.Start)
      }
      .height(150)
      .width('100%')
    }
    .height(160)
    .width('100%')
  }
}
```

DetailArsList 组件代码如下：

```
@Component
struct DetailArsList{
  private arsItems: ArsData[]
  build() {
    Scroll() {
      Column() {
        List() {
          ForEach(this.arsItems, item => {
            ListItem() {
              ArsListItem({ arsItem: item })
            }
          }, item => item.id.toString())
        }
        .height('100%')
        .width('100%')
        .margin({ top: 5 })
        .listDirection(Axis.Vertical)
      }
      .height(200)
    }
  }
}
```

ArsListItem 组件代码如下：

```
@Component
struct ArsListItem {
  private arsItem: ArsData

  build() {
    Row() {
      Text(this.arsItem.title+" :")
        .fontSize(11)
        .margin({left:20})
        .flexGrow(1)
      Text( this.arsItem.content)
        .fontSize(11)
        .margin({right:20})

    }
    .height(14)
    .width('100%')
    .backgroundColor(Color.White)
  }
}
```

DetailBottom 组件代码如下：

```
@Component
struct DetailBottom{
  @Provide
  private value : number=1
  dialogController : CustomDialogController = new CustomDialogController({
    builder: DialogExample({action: this.onAccept}),
    cancel: this.existApp,
    autoCancel: true
  });

  onAccept() {

  }
  existApp() {

  }
  build(){
    Column(){
      Text('Buy')
        .width(40)
        .height(25)
        .fontSize(20)
        .fontColor(Color.White)
        .onClick(()=>{
          this.value=1
          this.dialogController.open()
        })
    }
```

```
      .alignItems(HorizontalAlign.Center)
      .backgroundColor(Color.Red)
      .width('100%')
      .height(40)
    }
  }
```

DialogExample 自定义弹窗组件代码如下：

```
@CustomDialog
struct DialogExample {
  @Consume
  private value : number
  controller: CustomDialogController;
  action: () => void;
  build() {
    Column() {
      Progress({value: this.value++ >=100?100:this.value, total: 100, style:
ProgressStyle.Eclipse})
        .height(50)
        .width(100)
        .margin({top:5})
    }
    .height(60)
    .width(100)
  }
}
```

11.6　总结

本章介绍了购物应用的完整开发过程，实现了包括商品列表页签、购物车页签、我的页签、详情页面4块核心功能。

11.7　习题

用所学的 HarmonyOS 知识点实现一个购物应用，功能包括商品列表页签、购物车页签、我的页签、详情页面等。

第12章 ← Chapter 12

综合实战：仿微信应用

本章是一个实战章节，结合前面所介绍的知识点来实现一个类似于微信的 App。

⚙ 12.1 仿微信应用概述 ≪≪≪

本节将基于 HarmonyOS 提供的组件来实现一个类似于微信的应用——ArkUIWeChat。

微信界面主要包含 4 部分，即微信、联系人、发现和我。本节所演示的例子也要实现这 4 部分功能。

12.1.1 "微信"页面

"微信"页面是微信应用的首页，主要用于展示联系人之间的沟通信息。

如图 12-1 所示是"微信"页面的效果图。

图 12-1 微信"页面的效果图

12.1.2　"联系人"页面

"联系人"页面展示了用户所关联的联系人。

如图 12-2 所示是"联系人"页面的效果图。

图 12-2　"联系人"页面的效果图

12.1.3　"发现"页面

"发现"页面是微信进入其他子程序的入口。

如图 12-3 是"发现"页面的效果图。

图 12-3　"发现"页面的效果图

12.1.4 "我"页面

"我"页面是展示用户个人信息的页面。

如图 12-4 所示是"我"页面的效果图。

图 12-4   "我"页面的效果图

12.2 实战："微信"页面

本节演示如何实现"微信"页面。

"微信"页面主要用于展示联系人的沟通记录列表。列表的每项都包含联系人头像、联系人名称、联系人聊天记录以及时间。

12.2.1 创建"微信"页面 ChatPage

在 pages 下创建 ChatPage.ets 作为"微信"页面。"微信"页面主要分为标题栏及沟通记录列表，因此核心代码也分为这两部分，代码如下：

```
import {ChatItemStyle, WeChatTitle} from '../model/CommonStyle'
import {getContactInfo} from '../model/WeChatData'
import {Person} from '../model/Person'

@Component
export struct ChatPage {
  private contactList: Person[] = getContactInfo()

  build() {
    Column() {
```

```
      // 标题
      WeChatTitle({ text: " 微信 " })

      // 列表
      List() {
        ForEach(this.contactList, item => {
          ListItem() {
            ChatItemStyle({
              WeChatImage: item.WeChatImage,
              WeChatName: item.WeChatName,
              ChatInfo: item.ChatInfo,
              time: item.time
            })
          }
        }, item => item.id.toString())
      }
      .height('100%')
      .width('100%')
    }
  }
}
```

上述代码通过 ForEach 来遍历 getContactInfo() 所返回的联系人数据，并生成 ChatItemStyle 数据项。

12.2.2　定义联系人 Person

联系人用 Person 类来表示。在 ets 目录下创建 model 目录，并在 model 目录下创建 Person. ets，代码如下：

```
let personId = 0;

export class Person {
  id: string;
  WeChatImage: string;
  WeChatName: string;
  ChatInfo: string;
  time: string;

  constructor(WeChatImage: string, WeChatName: string, ChatInfo: string, time:
string) {
    this.id = '${personId++}'
    this.WeChatImage = WeChatImage;
    this.WeChatName = WeChatName;
    this.ChatInfo = ChatInfo;
    this.time = time;
  }
}
```

Person 内包含头像、名称、聊天记录以及时间等信息。

12.2.3 定义联系人数据

在 model 目录下创建 WeChatData.ets 作为联系人数据，代码如下：

```
import {Person} from './Person'

const ContactInfo: any[] = [
  {
    "WeChatImage": "person (1).jpg",
    "WeChatName": " 枫 ",
    "ChatInfo": " 缓缓飘落的枫叶像思念，我点燃烛光温暖岁末的秋天 ",
    "time": "18:30"
  },
  {
    "WeChatImage": "person (2).jpg",
    "WeChatName": " 珊瑚海 ",
    "ChatInfo": " 转身离开，分手说不出来 ",
    "time": "17:29"
  },
  {
    "WeChatImage": "person (3).jpg",
    "WeChatName": " 听妈妈的话 ",
    "ChatInfo": " 听妈妈的话别让她受伤，想快快长大才能保护她 ",
    "time": "17:28"
  },
  // 为了节约篇幅，此处省略部分数据
  {
    "WeChatImage": "person (15).jpg",
    "WeChatName": " 一路向北 ",
    "ChatInfo": " 我一路向北，离开有你的季节 ",
    "time": "10:16"
  }
]

export function getContactInfo(): Array<Person> {
  let contactList: Array<Person> = []
  ContactInfo.forEach(item => {
    contactList.push(new Person(item.WeChatImage, item.WeChatName, item.
ChatInfo, item.time))
  })

  return contactList;
}

export const WeChatColor:string = "#ededed"
```

12.2.4 定义样式

在 model 目录下创建 CommonStyle.ets作为样式类。在该类中定义标题的样式，代码如下：

```
@Component
export struct WeChatTitle {
  private text: string

  build() {
    Flex({ alignItems: ItemAlign.Center, justifyContent: FlexAlign.Center }) {
      Text(this.text).fontSize('18fp').padding('20px')
    }.height('120px').backgroundColor(WeChatColor)
  }
}
```

在 CommonStyle 中定义沟通记录的样式，代码如下：

```
@Component
export struct ChatItemStyle {
  WeChatImage: string;
  WeChatName: string;
  ChatInfo: string;
  time: string;

  build() {
    Column() {
      Flex({ alignItems: ItemAlign.Center, justifyContent: FlexAlign.Start }) {
        Image($rawfile(this.WeChatImage)).width('120px').height('120px').
margin({ left: '50px', right: "50px" })

        Column() {
          Text(this.WeChatName).fontSize('16fp')
          Text(this.ChatInfo).fontSize('12fp').width('620px').
fontColor("#c2bec2").maxLines(1)
        }.alignItems(HorizontalAlign.Start).flexGrow(1)

        Text(this.time).fontSize('12fp')
          .margin({ right: "50px" }).fontColor("#c2bec2")

      }
      .height('180px')
      .width('100%')

      Row() {
        Text().width('190px').height('3px')
        Divider()
          .vertical(false)
          .color(WeChatColor)
          .strokeWidth('3px')
      }
      .height('3px')
      .width('100%')
    }

  }
}
```

最终，沟通记录的样式效果图如图 12-5 所示。

图 12-5　沟通记录的样式效果图

12.3　实战："联系人"页面

本节演示如何实现"联系人"页面。"联系人"页面主要用于展示联系人列表。列表的每项都包含联系人头像和联系人名称。因此，实现方式上与"微信"页面类似。

12.3.1　创建"联系人"页面 ContactPage

在 pages 下创建 ContactPage.ets 作为"联系人"页面。"联系人"页面主要分为标题栏及联系人列表，因此核心代码也分为这两部分，代码如下：

```
import {ContactItemStyle, WeChatTitle} from '../model/CommonStyle'
import {Person} from '../model/Person'
import {getContactInfo, WeChatColor} from '../model/WeChatData'

@Component
export struct ContactPage {
  private contactList: Person[] = getContactInfo()

  build() {
    Column() {
      // 标题
      WeChatTitle({ text: " 通讯录 " })

      // 列表
      Scroll() {
        Column() {
          // 分类
          ContactItemStyle({ imageSrc: "new_friend.png", text: " 新的朋友 " })
          ContactItemStyle({ imageSrc: "group.png", text: " 群聊 " })
          ContactItemStyle({ imageSrc: "biaoqian.png", text: " 标签 " })
          ContactItemStyle({ imageSrc: "gonzh.png", text: " 公众号 " })

          // 企业联系人
          Text("    我的企业及企业联系人 ").fontSize('12fp').
backgroundColor(WeChatColor).height('80px').width('100%')
          ContactItemStyle({ imageSrc: "qiye.png", text: " 企业微信联系人 " })

          // 微信好友
          Text("    我的微信好友 ").fontSize('12fp').
backgroundColor(WeChatColor).height('80px').width('100%')
```

```
        List() {
          ForEach(this.contactList, item => {
            ListItem() {
              ContactItemStyle({ imageSrc: item.WeChatImage, text: item.
WeChatName })
            }
          }, item => item.id.toString())
        }
      }
    }

    }.alignItems(HorizontalAlign.Start)
    .width('100%')
    .height('100%')
  }
}
```

联系人列表又细分为 3 部分：分类、企业联系人和微信好友。

12.3.2　定义样式

在 CommonStyle 中定义联系人的样式，代码如下：

```
@Component
export struct ContactItemStyle {
  private imageSrc: string
  private text: string

  build() {
    Column() {
      Flex({ alignItems: ItemAlign.Center, justifyContent: FlexAlign.Center })
{
        Image($rawfile(this.imageSrc)).width('100px').height('100px').margin({
left: '50px' })
        Text(this.text).fontSize('15vp').margin({ left: '40px' }).flexGrow(1)
      }
      .height('150px')
      .width('100%')

      Row() {
        Text().width('190px').height('3px')
        Divider()
          .vertical(false)
          .color(WeChatColor)
          .strokeWidth('3px')
      }
      .height('3px')
      .width('100%')
    }
  }
}
```

最终，联系人的样式效果图如图 12-6 所示。

 珊瑚海

图 12-6 联系人的样式效果图

12.4 实战："发现"页面

本节演示如何实现"发现"页面。"发现"页面是微信进入其他子程序的入口。每个子程序本质上也是一个列表项。

12.4.1 创建"发现"页面 DiscoveryPage

在 pages 下创建 DiscoveryPage.ets 作为"发现"页面。"发现"页面主要分为标题栏及子程序列表，因此核心代码也分为这两部分，代码如下：

```
import {WeChatItemStyle, MyDivider, WeChatTitle} from '../model/CommonStyle'

@Component
export struct DiscoveryPage {
  build() {
    Column() {
      // 标题
      WeChatTitle({ text: "发现" })

      // 列表
      WeChatItemStyle({ imageSrc: "moments.png", text: "朋友圈" })
      MyDivider()

      WeChatItemStyle({ imageSrc: "shipinghao.png", text: "视频号" })
      MyDivider({ style: '1' })
      WeChatItemStyle({ imageSrc: "zb.png", text: "直播" })
      MyDivider()

      WeChatItemStyle({ imageSrc: "sys.png", text: "扫一扫" })
      MyDivider({ style: '1' })
      WeChatItemStyle({ imageSrc: "yyy.png", text: "摇一摇" })
      MyDivider()

      WeChatItemStyle({ imageSrc: "kyk.png", text: "看一看" })
      MyDivider({ style: '1' })
      WeChatItemStyle({ imageSrc: "souyisou.png", text: "搜一搜" })
      MyDivider()

      WeChatItemStyle({ imageSrc: "fujin.png", text: "附近" })
```

```
    MyDivider()

    WeChatItemStyle({ imageSrc: "gw.png", text: " 购物 " })
    MyDivider({ style: '1' })
    WeChatItemStyle({ imageSrc: "game.png", text: " 游戏 " })
    MyDivider()

    WeChatItemStyle({ imageSrc: "xcx.png", text: " 小程序 " })
    MyDivider()
  }.alignItems(HorizontalAlign.Start)
  .width('100%')
  .height('100%')
  }
}
```

子程序用 WeChatItemStyle 定义样式，并通过 MyDivider 来进行分隔。

12.4.2 定义样式

在 CommonStyle 中定义子程序的样式，代码如下：

```
@Component
export struct WeChatItemStyle {
  private imageSrc: string
  private text: string
  private arrow: string = "arrow.png"

  build() {
    Column() {
      Flex({ alignItems: ItemAlign.Center, justifyContent: FlexAlign.Center })
{
        Image($rawfile(this.imageSrc)).width('75px').height('75px').margin({
left: '50px' })
        Text(this.text).fontSize('15vp').margin({ left: '40px' }).flexGrow(1)
        Image($rawfile(this.arrow))
          .margin({ right: '40px' })
          .width('75px')
          .height('75px')
      }
      .height('150px')
      .width('100%')
    }.onClick(() => {
      if (this.text === " 视频号 ") {
        router.push({ uri: 'pages/VideoPage' })
      }
    })
  }
}
```

子程序主要由 3 部分组成：图标、名称和箭头。

在 CommonStyle 中定义分隔线的样式，代码如下：

```
@Component
export struct MyDivider {
  private style: string = ""

  build() {
    Row() {
      Divider()
        .vertical(false)
        .color(WeChatColor)
        .strokeWidth(this.style == "1" ? '3px' : '23px')
    }
    .height(this.style == "1" ? '3px' : '23px')
    .width('100%')
  }
}
```

最终，子程序的样式效果图如图 12-7 所示。

图 12-7 子程序的样式效果图

12.5 实战："我"页面

本节演示如何实现"我"页面。

"我"页面用于展示用户的个人信息。

在 pages 下创建 MyPage.ets 作为"我"页面。"我"页面主要分为用户信息部分及菜单列表，因此核心代码也分为这两部分，代码如下：

```
import {WeChatItemStyle, MyDivider} from '../model/CommonStyle'

@Component
export struct MyPage {
  private imageTitle: string = "title.png"

  build() {
    Column() {
      // 用户信息部分
      Image($rawfile(this.imageTitle)).height(144).width('100%')

      // 列表
      WeChatItemStyle({ imageSrc: "pay.png", text: "服务" })
      MyDivider()
```

```
      WeChatItemStyle({ imageSrc: "favorites.png", text: " 收藏 " })
      MyDivider({ style: '1' })
      WeChatItemStyle({ imageSrc: "moments2.png", text: " 朋友圈 " })
      MyDivider({ style: '1' })
      WeChatItemStyle({ imageSrc: "video.png", text: " 视频号 " })
      MyDivider({ style: '1' })
      WeChatItemStyle({ imageSrc: "card.png", text: " 卡包 " })
      MyDivider({ style: '1' })
      WeChatItemStyle({ imageSrc: "emoticon.png", text: " 表情 " })
      MyDivider()

      WeChatItemStyle({ imageSrc: "setting.png", text: " 设置 " })
      MyDivider()
    }.alignItems(HorizontalAlign.Start)
    .width('100%')
    .height('100%')
  }
}
```

与“发现”页面的子程序类似，“我”页面同样使用了 **WeChatItemStyle** 和 **MyDivider**。

12.6 实战：组装所有页面

在应用的 Index 页面，我们需要将微信、联系人、发现、我 4 个页面组装在一起，并实现自由切换。此时，可以使用 HarmonyOS 的 Tabs 组件作为导航栏。

12.6.1 Tabs 组件作为导航栏

Tabs 组件作为导航栏的代码实现如下：

```
import { ChatPage } from './ChatPage'
import { ContactPage } from './ContactPage'
import { DiscoveryPage } from './DiscoveryPage'
import { MyPage } from './MyPage'

@Entry
@Component
struct Index {
  @Provide currentPage: number = 0
  @State currentIndex: number = 0;

  build() {
    Column() {
      Tabs({
        index: this.currentIndex,
        barPosition: BarPosition.End
      }) {
        TabContent() {
```

```
          ChatPage()
        }
        .tabBar(this.TabBuilder(' 微信 ', 0, $r('app.media.wechat2'), $r('app.
media.wechat1')))

        TabContent() {
          ContactPage()
        }
        .tabBar(this.TabBuilder(' 联系人 ', 1, $r('app.media.contacts2'),
$r('app.media.contacts1')))

        TabContent() {
          DiscoveryPage()
        }
        .tabBar(this.TabBuilder(' 发现 ', 2, $r('app.media.find2'), $r('app.
media.find1')))

        TabContent() {
          MyPage()
        }
        .tabBar(
          this.TabBuilder(' 我 ', 3, $r('app.media.me2'), $r('app.media.me1'))
        )
      }
      .barMode(BarMode.Fixed)
      .onChange((index: number) => {
        this.currentIndex = index;
      })
    }
  }

  ...
```

对于底部的导航栏，一般用于区分应用主页面的功能，为了用户体验更好，会组合文字以及对应的语义图标表示页签内容，在这种情况下，需要自定义导航页签的样式，代码如下：

```
@Builder TabBuilder(title: string, targetIndex: number, selectedImg: Resource,
normalImg: Resource) {
  Column() {
    Image(this.currentIndex === targetIndex ? selectedImg : normalImg)
      .size({ width: 25, height: 25 })
    Text(title)
      .fontColor(this.currentIndex === targetIndex ? '#1698CE' : '#6B6B6B')
  }
  .width('100%')
  .height(50)
  .justifyContent(FlexAlign.Center)
}
```

导航栏在选中时会呈现出高亮的效果，如图 12-8 所示。

图 12-8　导航栏效果图

12.6.2　Swiper 组件实现页面滑动

除了通过底部导航栏实现页面切换外，还可以使用 Swiper 组件来左右滑动页面从而实现页面切换。代码如下：

```
@Component
struct HomeTopPage {
  @Consume currentPage: number

  build() {
    Swiper() {
      ChatPage()
      ContactPage()
      DiscoveryPage()
      MyPage()
    }
    .onChange((index: number) => {
      this.currentPage = index
    })
    .index(this.currentPage)
    .loop(false)
    .indicator(false)
    .width('100%')
    .height('100%')
  }
}
```

12.7　总结

本节基于 HarmonyOS 提供的组件实现了类似于微信界面效果的应用。该应用主要使用了 Flex、Tabs、Column、TabBuilder、Image、Text、Swiper 等组件。

12.8　习题

用所学的 HarmonyOS 知识点实现一个仿微信界面效果的应用，功能包括微信、联系人、发现、我 4 个页面。

参 考 文 献

［1］柳伟卫 . 分布式系统常用技术及案例分析 [M]. 北京：电子工业出版社，2017.

［2］柳伟卫 . 鸿蒙 HarmonyOS 手机应用开发实战 [M]. 北京：清华大学出版社，2022.

［3］柳伟卫 . 鸿蒙 HarmonyOS 应用开发从入门到精通 [M]. 北京：北京大学出版社，2022.

［4］柳伟卫 . 跟老卫学 HarmonyOS 开发 . [EB/OL].https://github.com/waylau/harmonyos-tutorial，2020-12-13/2022-12-29.

［5］柳伟卫 . HarmonyOS 题库 . [EB/OL].https://github.com/waylau/harmonyos-exam，2022-11-04/2022-12-29.

［6］HarmonyOS 应用开发者基础认证 . [EB/OL].https://developer.huawei.com/consumer/cn/training/dev-cert-detail/101666948302721398，2022-12-01/2022-12-29.

［7］HarmonyOS 3.1 Release 指 南 . [EB/OL].https://developer.harmonyos.com/cn/docs/documentation/doc-guides-V3/start-overview-0000001478061421-V3?catalogVersion=V3，2022-11-04/2023-06-05.